自慢⑨

管理者的對與錯

43則管理課題解答

《商業周刊》超人氣專欄作家、暢銷書《自慢》系列作者
何飛鵬

自序

人生的對錯之辯

何飛鵬

人生總在對與錯之間擺盪！

我們會做對事，得到我們想要的好結果，接著就是一段時間的一帆風順，事事如意；可是我們也會做錯事，從此人生陷入逆境，掉落懸崖，最嚴重的時候，我們必須一切打掉重練，重新開始。

這是在關鍵時刻，做錯了事，會讓我們的一生從此改變。

在日常生活及工作中，我們會做對事，也會做錯事。在工作中，做成了一件事，得到好的績效，獲得同事及公司的讚賞；可是也會搞砸了一件事，使公司受到傷害，自己也會受到懲罰。

生活中，我們會挑對一家餐廳，得到一頓超值的美食饗宴；可是我們也會因選錯了餐廳而懊惱不已。

這些日常生活及工作中的小對小錯，雖不致影響一生，卻也會困擾一時。

結論很清楚，人生永遠離不開對與錯，永遠要在對與錯之間博弈。我們永遠想做對，可是錯事卻必然會出現。不論我們如何仔細思考選擇，不論我們如何謹慎從事，錯誤總在我們不預期中忽然出現。

這也是一場人生永無休止的奮戰：選擇對的，避開錯的。我們也永遠在問，有沒有方法能多對少錯，或大對小錯，甚至盡可能不犯錯！

期待不犯錯，這是不可能的想法，也是最荒謬的期待。對錯都是未來選項，任何事都有可能對與錯，我們不可能期待錯誤永遠不出現，就好像擲骰子不可能永遠只出大不出小一樣。對錯就像孿生子一般，相伴相生，不可能絕對切割。我們做過的事，極可能在對中有錯，在錯中有對，我們要有能力分辨絕對的對與錯，更要有能力分辨相對的對與錯。

要能分辨相對的對與錯

何謂相對的對與錯？以我做出版為例：有一本暢銷書賣了兩萬本，這當然是做對事，這是絕對的對，可是如果我們更深入檢討，如果我們再多做幾件事，這本書說不定可以賣到三萬本，這就是相對的錯。在做對的事中，仍有錯事，使好的結果並未極大化，足夠虛心的人便能明辨這種相對的錯，知錯改錯，而不是只陶醉在小對的光環中。

同樣地，在錯事中，也可能並不是全盤皆錯，也不可一概推翻，應在錯事中分辨相對的對與錯，只針對錯事改正。

因此檢討人生的對錯，並非絕對地一刀切分對錯，錯的事必然要檢討，可是對的事也不能輕易放過，也要在其中揪出相對的錯，這樣才可以讓成果極大化。要虛心地面對對的事，仔細分辨其中的細節，找出還可以更好的做法，這才是享受對的光環之餘，更應該具備的態度，這才有機會極大化我們成就的格局。

改錯從知錯認錯開始

其次，在分辨對錯之際，還有一個極常見的誤區：就是做了事卻沒有得到我們期待的好結果，這時候我們往往不認為這是錯的事，甚至還以為這是對的事，只是因為運氣不好，因為外界不配合，因為資源不足，因為工作者執行不力，因而持續做同樣的事。

對不好的結果，我們卻不認錯、不知錯，而堅持到底做同樣的事。

我在創辦《商業周刊》的頭四年，一再賠光所有資本額，虧損累累，可是那個時候，我一再把重點放在外界，一切都是別人的錯！讀者還沒有看週刊的習慣，我們準備的資金不足，我的團隊成員不夠好……我把所有的精神放在檢討外部，完全不承認自己做錯了事。

因此我一再增資，繼續用同樣的方法做事。直到彈盡援絕，無法從外界找到任何資源時，我才開始真誠地面對自己的錯，是因為我不夠好，能力不足，沒有能力把對的事做對，我眼高手低，低估了事情的難度，錯估了環境的變化，也高估了自己的能力，所以讓一件對的事錯得一場糊塗！

從我「知錯認錯」開始，努力檢討自己，徹底改變自己的作為，一切才翻轉了。

這就是對錯之間的模糊地帶。人往往在做錯了事時，不知錯、不認錯。或者把錯誤指向外界、推給別人，為自己找一個藉口，卻不知徹底檢討自己，自絕於自我覺醒、自我改進的機會。

因此當結果與預期不對稱，必須進行檢討時，第一個要想的就是自己，一切的錯可能因自己而起，不論是環境變動、資源不足或團隊不力，這一切都是因自己而起，因為自己的準備不足、規畫不當、指揮調度不力，外界的錯也是因自己而起，自己該負起所有責任。

而在知錯認錯之後，只要針對錯誤徹底改正，這反而是順理成章的事！

要能區分是錯在判斷或執行

在檢視錯誤時，要仔細分辨錯誤形成的原因、過程、細節，並確定如何下手改進。

一般而言，錯誤可以概括為兩種類型：一是事情本身是錯的，我們選擇了錯誤的事去做；二是事情本身是對的，但是我們在執行過程中，用了錯誤的方法，因為執行不力，導致事情出現了不好的結果。

以我創辦《商業周刊》為例，在當年的時空環境下，這是一件有前景的對的事，可是因為我自己的能力不足，以至於沒有把事情做對，才出現不好的結果。

選對的事做，是策略、是戰略；而如何把事情做對，是執行、是戰術。在檢討錯事時，一定要先分辨是錯的事還是我們沒有把事情做對。

如果是錯的事，那我們要檢討的是，如何在策略思考階段不再有錯誤的思考與判斷，以至於做了錯的決定。如果是我們在執行上沒有把事情做對做好，那我們就該從執行面的過程與細節下手修正。

所謂在執行面出錯，也不見得是所有的事都做錯，一定是在某個關鍵環節上出錯，而因為這個環節出錯，導致全盤皆輸，因此在改錯時，第一件事就是要找出是在哪個環節出錯。許多的錯，不見得能明確找到真正的原因，這時候就要全面檢視所有的工作過程，仔細分辨錯誤的原因，並分析其前因後果，才能找出真正的錯誤所在。

找到錯誤的關鍵所在之後，就要針對此一錯誤的成因仔細分析，是想法錯、邏輯錯還是方法錯，然後進行改正，以建立日後從事類似工作時的正確觀念及做法，並成為日後的工作準則。

例如：有一次我下車後把皮夾遺留在車上，從此我要求自己，在下車時，關上車門前，一定要探頭檢視車廂，看看是否還遺留任何物品，這就是不再遺失物品的行為準則。

如果針對每一項錯誤，都可以建立類似免於再犯的檢查方法，那就可以確保不再犯錯或少犯錯。

人走過必留下痕跡，也會因此而產生經驗，人也是根據經驗來做事，如何校準經驗，留下對的，去除錯的，讓經驗最佳化，這是人成長的必經過程。因此明辨對與錯，也是人必須學會的思考。

這兩本書：《人生的對與錯》、《管理者的對與錯》，是我在人生體驗中的總整理，在不斷的對錯輪替之中，逐漸找到可資遵行的工作、生活準則，提供讀者參考。

目錄

第二部

管理者的組織制度

第三部

管理者的團隊構建

第四部

管理者的用人待人

第五部

管理者的工作執行

第一部

管理者的自我認知

1 你是自我中心的主管嗎？

錯的態度與做法

主管心中只有自己：自己的績效，自己的成果，完全不考慮團隊的能力與團隊的感受。

主管接受組織的任用，要帶領團隊完成工作。許多主管為了完成任務，會無所不用其極地去要求團隊，甚至命令團隊去接受不可能達成的目標。這種主管心中只有自己，也許在主管的強力要求下，團隊會短期間出現好的表現，但長期一定會有反彈。

自我中心的主管，難免有「一將功成萬骨枯」的批評。

一個工作者抱怨，他的老闆在前一天交代第二天就要完成一個超大型的產品行銷上市案，還要附上完整的預算規畫。這是一個明顯不可能的任務，因為不可能在一天中完成所有的細節規畫及預算估價。這位工作者只好一夜沒睡，通宵完成一個粗略的方案。交差後還被老闆批評不夠周延完整。

另一個部門主管被要求第二年的預算，要提高五〇%，他不敢相信這是真的，嘗試說明困難。卻引來大老闆的嚴詞批判，認為他不能承擔責任，可能能力有問題。這位主管不得已，只好勉強接受。

還有的主管只要部屬犯了錯，就不分青紅皂白地責怪、謾罵，完全不追問錯誤發生的原因，是因為疏忽、意外，還是不可抗力？只要犯錯，就是該死。

以上三種狀況，都是因為上層主管是一個以自我為中心，為求自己的成功立業，完全不體諒下屬的人。

主管與部屬的關係，可以分為兩種：一種是關心部屬的主管，一種是只關心自己的主管。前者會思考部屬的能力、情境，不會用權威強迫部屬，會理解及體諒部屬的困難。後者只在意自己的想法，完全以自我為中心，恣意行使主管的權力，在這種團隊中工作，極為為難與痛苦。

自我中心的主管視團隊為工具，是他完成組織所交付任務的必要配備，可以隨意使用，並不需要尊重。

這種團隊通常是一言堂，主管說了算，所有的指令只能遵從，不可質疑，如果有人質疑，必定會遭到極大的責難。久而久之，團隊中充斥著寒蟬效應，大家只能默默工作，並勉力完成主管的要求。

自我中心的主管對上級的指令，通常也是照單全收，盡力完成，並轉身逼迫團隊全力去完成。在正常的狀況下，這種主管通常會有不錯的績效，因為他十分會壓榨團隊的生產力，讓團隊盡可能去完成任務。

只不過這種自我中心的主管，通常留不住好的部屬，有能力及有主見的工作者無法忍受這樣的主管，只要有機會就會轉身離去。最後團隊中只會剩下能力不足的工作者，整個團隊也會變成沒有戰力、沒有攻擊性的組織。

這種團隊如果遭遇困境，必然一敗塗地，完全沒有逆轉的可能，因為整個團隊都只會等待上級的指令，不會獨立思考，也缺乏挑戰困難的決心與鬥志。

自我中心的主管最後終將自食其果，成為獨夫一人。所有的主管都應以此為戒，要視團隊為人的組合，他們不是工具，只能疼惜、諒解、尊重、愛護，要不時嘗試從部屬的立場，想一想他們的需求與為難吧！

對的態度與做法

心中有團隊，團隊要愛惜、要善用，命令要合理、要適當，才能維持長久的戰力。

主管要非常了解團隊的實況，可以賦予他們有挑戰性的目標，但絕不可以過度，如果目標訂得太高，離團隊的戰力很遠，團隊就會徹底放棄目標。

主管心中要視團隊為一家人，善待、慎用，不可以一己的意志，強行要求團隊接受。

2 老闆的一相情願

錯的做法

一相情願地要求團隊要以公司為重，全力以赴，無怨無悔地投入。

許多的經營者抱怨：員工的熱忱不夠，向心力不足，只是被動地上下班，不會主動地解決問題，他們常常問要如何提升員工的投入度，以提升工作效率。

大多數的經營者都覺得自己無怨無悔地投入，為公司什麼事都做，可是團隊成員卻多袖手旁觀！不會主動協助，經營者用自己做標準，來衡量整個團隊成員，很自然地覺得所有的員工都不稱職。

經營者往往到處在尋找願意為公司無怨無悔付出的員工，可是卻遍尋不得。

有一次在一個酒會中，碰到一位台灣的老闆，他看到我就很親熱地說：「何先生，你最近寫的那篇文章，真是太好了，我把你那篇文章影印給我全公司的員工人手一份，並要他們詳讀，寫心得報告！」我很好奇，是哪篇文章令他如此喜歡？他告訴我，就是那篇〈假如公司是我的〉（註：收錄於《自慢》）。

聽他這麼說，我愣在當下，不知如何是好，心想：怪不得我最近心神不寧，一定是他的員工把我的照片貼在牆上，拿飛鏢射我洩恨。因為這個老闆是以苛刻出名，要求很多，對員工回饋很少，而他竟然還想要員工付出更多，為公司打拚。

為了平衡這件事，在下一期週刊上的專欄，我立即寫了一篇名為〈我確定公司不是我的〉的文章（註：收錄於《自慢》）。

這是一個真實的故事，我很驚訝，竟然有這麼一相情願的老闆，只知一味地要求員工付出，而不知要相對回饋。

我的第一篇文章寫的是：員工與公司是一家人，公司經營得好，員工自然會得到更多的回饋，因此我鼓勵每一個工作者要把公司當作自己的公司，全力付出、全力打拚，為公司創造更大的成果，而工作者也可以得到更大的學習、成長與回報。

這篇文章沒有寫清楚的是，這件事的前提是要老闆很愛惜員工，把團隊當一家人，而一旦有好的結果，也很願意和員工分享。遇到這樣的公司、這樣的老闆，員工當然應該把公司當成自己的，全力去打拚。

問題是，如果遇到的不是好老闆，賺了錢都是老闆的，員工再辛苦，回報也不會更多，那工作者為什麼要努力多走一步、多做事去打拚呢？能做一天和尚敲一天鐘，每天準時上下班就已經很能交代了。

所以我寫的第二篇文章是建議工作者要仔細分辨是否遇到好老闆、好公司，如果老闆不是好老闆，那就不需要把公司當成自己的公司去努力打拚，而且自己如想只是像個公務員般等因奉此地混日子，那就要考慮辭職，換個珍惜員工、願意和團隊分享的公司，好好地去打拚、去工作。

老闆和工作者是相對的，有好的老闆，才會有好的員工，如果老闆覺得員工的投入不足、敬業心不夠，第一個檢討的一定不是員工，不是要求他們更投入、更努力，而要想的是：老闆自己做了什麼，是否值得員工把公司當成自己的來賣命，千萬不要當個欲壑難填、一相情願的老闆。

對的做法

先把自己變成一個好老闆，視團隊為一家人，願意分享，願意回饋，並營造好的工作環境，創造出好的績效，那麼員工才有動機，把公司當作是自己的，全力以赴投入。

有什麼樣的老闆，就有什麼樣的員工。大方的老闆，員工就不計較；小氣的老闆，員工也小氣。老闆視員工為工具，員工視老闆為路人。不要用老闆的心情，去衡量員工，老闆打拚的是事業的成敗，而員工只是出賣時間和勞力，他們有什麼動機要全力以赴，無怨無悔？除非公司讓他們覺得付出值得，老闆視員工為一家人，願意分享，願意回饋。

因此想要有以公司為重的員工，先把員工當一家人看待，無私地分享吧！

3 看五年、想三年、認真做好一兩年

錯的做法

每年只注意當年度任務、目標的完成，缺乏中長期的部門規畫，也缺乏中長期個人生涯的規畫。

經理人的任務，最重要的是完成當年度的目標，因此每年年底的時候，就要做完來年的年度預算，設定明年的業績目標，然後逐月執行，再每月、每季檢討執行成果，檢視目標完成的進度，最後到年底結算，如果達成目標，終能鬆一口氣，然後繼續設定明年的目標。

這樣的缺點是組織沒有未來的想像，而個人也缺乏中長期的生涯規畫。

現今中國大陸最紅的企業家——小米的雷軍，最近在中國北京大學做了一場演講，說明他為何在四十歲的時候還勇敢下手做手機，大膽築夢，因為他總是「看五年、想三年、認真做好一兩年」，這是他一生的寫照。

雷軍回憶在十八歲那年，他偶然在圖書館裡看到一本書《矽谷之火》（*Fire in the Valley*），講述了七、八〇年代矽谷英雄的故事，書中的英雄以賈伯斯（Steve Jobs）為主。看完這本書之後，雷軍自己承認也想在中國的土地上辦一家世界一流的公司，這樣才無愧於自己的一生。

有了這樣的想法，雷軍就在武漢大學的操場上走了一圈又一圈，思索怎樣才能真正開始，最後他決定把一切落實到自己的學習上，給自己設定一個目標，在兩年內完成所有的大學課程。

他真的用兩年修完了所有的大學課程，接著他又給自己訂了一個目標，要在兩年內在一級的學報上發表論文。果真雷軍大二那年在學報上發表了論文。

雷軍自承人一定要有夢想，有了夢想之後，還要能一步一步地付諸實踐，要給自己設定一個又一個的可行目標，再加上長時間的堅忍不拔，百折不撓。

這就是雷軍築夢的方法——看五年、想三年、認真做好一兩年。這也是雷軍在有了夢想之後，一步步去完成夢想的方法。

夢想可能極為遠大，可能非二、三十年以上無法完成。因此每一個築夢的過程，只能想著直覺往前走，甚至當前的所作所為未必確實連結最後夢想的實現，可是我們還是要有具體的目標，成為我們短期內可以逐步實現的方法。

雷軍最終想在中國辦一家世界一流的公司，但這樣的目標虛無縹緲，為了達成短期的目標，雷軍決定在短期內落實自己的學習，分別訂定了兩年學完所有的大學課程，以及在知名學報上發表論文。

這兩件事都十分具體可行，雖然未必與辦一家世界知名的公司有必然的關聯，可是雷軍相信沉澱自己的基本功，對未來做任何事一定有幫助。

就這樣，不斷的「看五年、想三年、認真做好一兩年」。每當五年的想法到期之後，就再向前推移五年，也再一次訂定具體可行的方案，也使自己不斷地接進最初設定的終極目標。

終於到了四十歲，雷軍仍然沒有忘記十八歲時的夢想而決定放手一試，他自承小米現在雖然仍離成功尚遠，但夢想總是要有的，有了夢想之後，再有扎實的基本功，再加上勤奮、鍥而不捨、百折不撓，最後再加上機遇，就有機會成就夢想。

對的做法

每年全力以赴完成當年度的目標，但同時也要想像未來三、五年的發展，擬定三、五年的策略規畫。

組織的發展，有許多事並非一年就可以完成，經常需要中長期的規畫，例如組織的轉型，需要兩、三年的想像，才能轉型完成，因此經理人就需要設想五年之後，組織要往何處去，組織要變成什麼樣貌，再把目標轉成未來三年或兩年規畫，分段完成。

就個人生涯規畫而言，主管也需有三、五年的中長期規畫，設想三、五年之後，自己要提升到什麼職位，要做什麼事，這樣生涯的發展，也才有目標可依循。

4 小心，經理人的十年陷落危機

錯的行為

經理人升上主管之後，開始自我感覺良好，習於舒適圈，對變化無動於衷，不學習、不進步，安於現況。

升上主管是經理人重要的生涯歷程，特別是在當上主管且適應良好之後！通常會習於安逸，尤其如果再有機會提升為中階主管，就更容易自我感覺良好，一旦自我感覺良好，就會放慢腳步，不學習、不改變、不進步。

中階經理人一旦停止進步，就很難晉升為高階經理人，而變成永遠的中階經理人，甚至還會淪為資遣、淘汰的對象。

有人在三十五歲升為公司的中階經理人，也有人在四十歲成為中階經理人，但是大多數人到了六十歲，仍然只是中階經理人，能升為決策高層主管的永遠是少數，為什麼這些中層經理人永遠只是中層呢？這是個有趣的問題。

原因在於職場生涯中有一個十年的陷落危機，在三十五歲至五十歲之間，會有十年陷入自我感覺良好、不改變、不學習的空白期，經過十年的不長進之後，這些經理人通常會變成永遠的中層。

在三十五歲以前，通常是職場生涯的探索成長期，一個人會從基層的工作者，提升為中層主管，而在擔任幾年中層主管之後，對所有的工作大都已經熟悉，也進入穩定狀況，這時候就會開始自我感覺良好起來。

當一個人開始自我感覺良好，最先出現的症狀是不學習，對任何新生事物都保持漠視，只關注現有的工作，甚至對與工作有關的新生事物，也會抗拒，心中所想的是：「我過去這樣做，就有不錯的結果，為什麼要學新東西？」因為不學習，能力永遠停滯，整體組織的績效也永遠不會變好，能維持現況，就已經不易。

自我感覺良好之後，出現的第二個症狀是抗拒改變。當環境發生變動，自我感覺良好的經理人第一個反應是觀望，並假設改變只是暫時現象，一切又會回到過去的狀況，因而不需要改變。

如果遇到公司的策略調整，要推動新的政策，採取新的作為時，自我感覺良好的經理人一定先持反對意見，提出各種不應改變的理由，試圖阻止新政策的推動。而如果公司的決策階層仍然決定要做，那自我感覺良好的經理人也一定會採取「上有政策，下有對策」的敷衍態度，非要等到公司拿出最大的決心推動，並採取必要的懲罰措施時，這些經理人才會改變。

一旦不學習、不改變之後，經理人就會成為公司進步的絆腳石。

這還不是經理人最大的問題，自我感覺良好的經理人最大的危機是：自我利益超越公司利益。

超過四十歲的經理人，已經是公司的老人，轉換工作已相對困難，如何在公司中確保自己的最大利益變成最重要的思考，做任何事，先想自己有什麼好處，有好處才願意去做，這是自我中心的本位主義。就算對公司有利益，可是對自己的利益不大時，經理人也會意興闌珊，無心為之。那就更不用說有損個人利益，但對公司有利的事，更是會抵死拒絕。

當一個經理人的價值觀是個人利益大於公司利益時，這樣的經理人等於已經背叛了組織。

一個不學習、不改變，自我利益大於公司利益的經理人，就掉入了「十年陷落」的危機，逐漸在組織中淪為可有可無的邊緣人，當然也就會一輩子老死在中層，沒有被組織淘汰已屬萬幸，就不要怪組織不識千里馬，不給你機會了。

對的行為

永遠有危機意識，努力學習，迎向改變，經理人的生涯就是永無休止的學習進程。

經理人在剛入職場時，面對新環境，一定虛心努力學習，因而能快速成長，一旦升為小主管，也是全新的經驗，因而戰戰兢兢。可是穩定當上主管之後，難免會停滯怠惰，短暫休息無可厚非，但絕不可以長期怠惰不學習，因為一旦停止學習成長，就不可能在組織中有好績效，甚至會成為公司進步的絆腳石。

經理人的一生，都要戒慎恐懼，努力學習，持續進步。

5 接班有人，升遷就近了！

錯誤的觀念

只要績效好，有成果，我就可以在組織中升遷。

大多數的主管都會努力完成組織交付的任務，做出績效，並認為只要做出成果，組織一定會看見，也一定會給予適當的回報，或加薪、或升遷。基本上回報的想法是正確的，因為大多數的組織是公平的，一定會給予主管合理的評價。只不過回報不一定代表升遷，因為升遷不只是因績效好，還要搭配其他條件。

每一次我啟動新創事業之前，思考的總是我要全心全意參與這個事業多久，是半年、還是一年，而想完這個問題之後，我最重要的事，就是替這個新創事業找到一個能負完全責任的人（accountable person），因為有了這個人，這個事業如果做得好，才有了發展的重心，這個能負全責的人才會全力以赴帶領事業向前邁進；而就算這個新創事業不順利，也才會有人能義無反顧地化不可能為可能，為這個新創事業以死以生。

這樣一個人才是啟動新創事業的關鍵，有了這個人，新創事業才能開始啟動。這個人，事實上就是新創事業的接班人。

身為企業的最高決策者，我每天最重要的事，就是替每一個部門尋找能負完全責任的人，一個當我不在時，能完全接手經營的接班人，他不只能延續現有成果，甚至還要有能力突破現況，開創新局。

我為什麼會有接班人思考，因為我從頭開始，就假設「人是過客，而組織將長存」，而每一個過客就是要讓組織培養出長存的能力，有了接班人，就是組織長存的保證，確保組織不會因為人事更迭，而營運逆轉。

我通常會為每一個部門，找到能負責的主管，把整個部門的營運交付給他，他可能完全承擔所有的例行營運工作，在觀察一段時間他的實際領導狀況之後，再逐步把整個部門的營運責任交付給他。

差異在尚未交付營運責任之前，他完全按照我的指令做事，負責把交辦的工作完成，而交付營運責任之後，他要自己設定目標，並檢討執行的工作成果，修正工作方法，然後為整個部門負完全責任。

這時候，他還不是可託付的接班人，接著我還要檢查他的價值觀，人格傾向，是否誠信，有無領導格局，如果都順利通過，最後還要校準他的策略思考能力，是否有足夠的願景，是否有宏觀的觀察，能為組織找到未來的發展方向。當這些條件都具備，接班人培育就接近完成。

其實不只企業的最高決策者需要接班人的思考，每一個階層的經理人也需要有接班人的培育準備，因為我們只要努力培育接班人，就代表我們不只滿足於現況，不只能做現在的工作，還會努力學習各種新知識、新能力，隨時為下一個責任更重的職位做準備，我們會擁有勝任更高職位的氣度、胸襟與能力。

許多專業經理人會陷在一個職位中，永遠無法提升，其實是因為你只把現有工作做好，做到極致，但因後繼無人，組織擔心你升遷之後，原有的部門無法有效運作，而只能讓你留在原地！而且你每天陷在例行工作中，也無法對未來有更好的規畫，無法讓部門產生不一樣的成果。

好的專業經理人一定要努力培養接班人，同時也增強自己的能力，只要接班有人，你升遷的日子就近了！

正確的觀念

只要培養好接班人，主管升遷的腳步就近了。

主管要升遷，除了本身的績效要好之外，一定要搭配另一個條件，就是接手的人選也已培養完成，以確保主管升遷之後，原有的單位仍能運作良好，保持好的績效，因此如果沒有好的接班人，不論主管的業績再好，都不會被升遷。

因此，主管想升遷，一定要努力培養接班人，盡量把工作分配下去，讓副手能接手，知道該如何去做，有好的接班人，主管的升遷就不遠了。

6 五〇%思考未來

錯的做法

主管每天忙於處理眼前的工作，完全無暇思考未來長遠的規畫，也缺乏對未來的布局。

主管最重要的任務是完成組織交付的工作，因此大多數的主管都會著眼於當前任務的完成，每天忙於當前的事務，缺乏長期的規畫。

會忙於眼前的事務，可能和團隊成員的不熟練有關，因為不熟練，以至於無法順利完成工作，而使主管忙於救火，而無暇思考未來。

公司中分為許多營運團隊，每個團隊的營運成果都不一樣，每個月的營運檢討會，我都會聽各主管的工作報告，日子久了，我漸漸歸納出營運好壞的分野：好的營運主管每天花很長的時間思考及規畫未來；而營運差的團隊應付每天發生的事情，都顯得力不從心，根本沒時間思考未來。

我找來一位好團隊主管分享他的經驗。他說：他永遠保持五〇%的精力，用來思考及規畫未來。

他過去曾歷經一段營運不是很好的時間，那時候他每天應付眼前正在發生的事情都來不及，根本不可能想未來該怎麼做。可是就算如此，他仍然試著每天、每週、每月都多少空出一些時間，想一下未來的策略規畫，也想一下組織中重要但不緊急的事。日子久了，他漸漸釐清公司許多最基本的問題，並且嘗試去解決這些長期已經存在、但一直沒有被關注的事，他發覺每解決一件這種事，整個團隊就向前邁進了一大步。

當他努力思考團隊的未來發展時，他發覺有些產品、有些生意根本沒有未來，現在雖然仍勉強可為，可是未來勢必日漸消退，但這是他每天沉淪在當前的工作中時，不可能想到的事。

讓他的團隊營運出現結構性的轉變，是因為他下決心停止一些短期可為，但長期不看好的產品線，並嘗試開發一些新的業務，當新業務逐漸穩定之後，整個團隊也就變好了。

他告訴我：現在他保持一個習慣——每天花五〇%的時間思考及規畫未來。

這個主管說出了好團隊主管應有的作為，不可只著眼於眼前的事務，而應該花心思在做未來的事。

要常常問自己：半年、一年之後，公司營運會怎樣？甚至要預測未來兩年、三年市場可能會出現哪些變動，及早準備因應。

也要常常思考團隊結構與戰力布局，自己團隊的核心戰力是否穩定、團隊整體人才是否足夠、是否還需要接受哪些訓練以補足組織的能力，因為人才的培養並非一蹴可幾。這些都是未來重要的事。

眼前的事是緊急的事、是今天的生意；而未來的事往往是重要的事，也是明天的事，留五〇%的力量為未來工作，是成就好主管的必備條件。

對的做法

主管要在最短的時間內，把團隊調整成能負完全責任的高效率團隊，然後自己空出時間和精力思考未來的發展。

要做到五〇%思考未來，就必須讓現有的團隊能有效執行當前的工作。當主管可以有效授權，分工設職，把每天的例行工作分配給所有團隊成員負責，那自己就可以有時間思考未來。

一個理想運作的團隊的主管，就是要做到整個團隊做今天的事，主管負責想未來，「今日你做，明天我想」，如何調整團隊，找到好的人、能做事的人，是最重要的事。

7 於公嚴厲，於私溫暖

錯的做法

主管只會嚴厲要求部屬，或只會用溫柔、激勵的方法對待部屬，這都是錯誤的方法。

主管的個性不同，有人嚴厲，有人溫柔，可是如果只有一種面貌，一味嚴厲，或一味溫柔，這是不正確的做法。只有嚴厲的組織失之於冷酷無情，只知溫柔的組織，必定效率不彰，紀律不明。

每當有同事犯錯時，我常在公眾的開會場合疾言厲色，糾正他們的錯誤。有時候甚至為了一個錯誤，我還會要求召開檢討會，讓所有的同事知道，錯誤如何發生？為什麼會犯這樣的錯？如果有機會，這樣的錯誤應如何避免？如何才能不再犯類似的錯誤？

在公事上我是一個嚴厲的人。

可是在私事上，我卻是一個「大事化小，小事化無」不愛追究的人。

有一回，我的文章登在雜誌上，標題出現了錯字，就寫文章的人而言，這是極嚴重的錯誤。我追問助理，是你打錯字呢？還是編輯檯出錯，我要查清楚，事後我的助理畏畏縮縮地告訴我，是她打了錯字。

我告訴她：這是極嚴重的錯誤，以後可以小心一點嗎？

還有一次，因為要休長假，一次寫了許多文章，留下了許多備稿。沒想到休假回來，祕書追著我要某一本雜誌的專欄，說再不交就要開天窗了。我明明記得在出國前，特別交了這本雜誌的專欄，為何就不見了？我要她們再找找，結果還是沒找到，我只好自認倒楣，重新再寫了一篇。雖然我很確定我已寫，也交給她們，但事後此事已成羅生門，我不願追究她們的不是，以免她們承受太大壓力。

在私事上，我是一個隨性不太認真的人。

公事上的嚴厲，有其不得不然的原因。辦公室中發生的每一件事，都會被視為案例，有人出錯了，如果沒有被糾正，很可能被視為此事無關緊要，極可能未來也會重複發生。在發生第一次時，輕鬆放過，發生第二次，也就不好嚴格追究，而直到一再發生，就會變成職場災難。

因此我會嚴厲地糾正錯誤，而且糾錯經常需要公開，因為糾錯不公開，無法達到昭告周知，以儆效尤的功能。

至於糾錯的態度要僅止於嚴肅，還是要嚴厲的疾言厲色，就要看錯誤的大小而定了。

為什麼我在私事會輕輕放過，不予深究呢？或許這來自於從小的家庭背景及個性使然。我出身貧賤，從小大部分要學習侍候別人，很少被別人侍候，所以很了解侍候別人的痛苦，也能諒解他們會犯錯誤，因此只要他們知錯了，也知道要改正，這就達到我的目的，不需要嚴厲糾錯。

另一個考量是我身邊幫我做事的人，都是我最親密的工作夥伴，基本上他們一定是盡心盡力，而且都經過我精挑細選、仔細調教，也是可以倚賴的人，因此就算犯錯，也一定是無心之過。我相信他們在犯錯之時，一定已是羞愧難當，我又怎麼忍心苛責？

於公嚴厲，不得不然；而於私溫暖，則表現出每一個人不同的個性。

對的做法

主管必須寬嚴並濟，有時要求嚴厲，有時溫柔體貼。在大事、公事上嚴厲；在小事、私事上溫柔。

組織講究紀律嚴明，令出必行，工作才有效率，因此主管在工作上必須嚴格要求，不可輕忽。好事必賞，錯事必罰，並且要說到做到，要求團隊誓死達成任務，才能創造組織的績效。

可是組織也講究和諧溫暖，並非凡事都冷酷無情，主管在人與人相處上，也可以表現平易近人、容易相處的一面，在小事、私事上，不要太錙銖必較，有時一笑而過，有時睜隻眼閉隻眼，是必要的修養。

8 關心每一個人，但只關注幾個人

錯的做法

主管只關心工作，只全力做事，沒有花時間照顧團隊，也不關心團隊中成員的身心動態。

大多數的主管全心全意在工作中，而疏於對團隊成員的關心，與團隊成員之間，只有工作上的互動，而完全沒有個人情感的交流，讓員工感覺主管的冷漠，因而產生距離。

在我現在的工作中，我最常關切的是目前仍然在虧損的單位，幾乎每個星期，我都會找這個單位的主管溝通，聊一聊他們的工作近況，有沒有採取任何具體措施，以減少虧損，有沒有任何新的市場訊息，可能改變現有的營運現況，當然也會從我的角度，給他們一點建議，看看能否轉變。

另一個我最常關切的單位，是目前營運極佳的單位，我也會不時找他們的主管溝通，了解他們好的業績，是否持續成長，還是已面臨停滯。如果成長趨緩，就要仔細分析是否大環境已經變壞，看看還能做些什麼，以保持成長趨勢。

此外我也很關心發展中的策略新單位，這種單位可能屬實驗性質，方向不明，也必須要保持理解，給予密切觀察。

這就是我的工作習慣；我會關心所有的下屬單位，但我永遠重點關切幾個關鍵單位。

我所管轄的工作團隊有十幾個，每個單位對我而言都很重要，也都是我必須關心的對象，可是我的時間有限，工作精力也有限，我不可能對每個單位保持高度的關注，因此我只能挑選前述三種類型的團隊，作為我重點關注的對象。至於其他團隊，就只利用例行的報表管理，直到這些團隊也出現異常現象，才會成為我重點關切的對象。

不只對團隊如此，我對所有員工亦復如此，我永遠「關心每一個人，但只關注幾個人」。

關心是對所有工作同仁的心靈交會，視他們為整個大家庭中的一分子，希望他們都有好表現，都能適才適所，安心工作，關心通常只是遠遠的關懷與理解，並不會常常接觸，也不會經常面對面溝通。

可是關注就不一樣，要經常互動、溝通，要仔細掌握他們的工作狀況，隨時保持深刻的了解，必要時，更要能適時修正他們的工作方法、工作態度及工作進度，這是任何一個工作階層的主管必須學會的領導方法。

如果一個小主管，你的團隊中有十個成員，我們要隨時隨地關心每一個團隊成員，但是永遠只把精力關注在少數幾個人身上。

主管該關注哪些人呢？首先要關注核心戰力成員，這些人是我們完成工作、獲取績效最重要的成員，他們的工作表現，會決定團隊的成敗，因此一定要保持高度的注意，隨時掌握他們的動向。

其次要關注的是團隊中能力不足、尚待訓練培養的人，這些人可能是團隊中會影響績效的成員，一定要花精神去教會他們，訓練他們，只要強化了他們的能力，整個團隊的戰力必然大幅提升。

第三種需要關注的人是團隊中的問題人物，有的人是因為性格怪異，有的人桀驁不馴，有的人不服主管命令，凡是組織中的問題人物，身為主管的人都要密切關注，隨時調整。

每一個領導者都要學會關心每一個人，但只重點關注少數幾個人。

對的做法

每一段時間，選擇幾位員工表達關心，並找機會做近距離的互動，以建立對他們更深刻的理解。

許多主管會在員工生產時，由祕書或人資代發賀卡，這種制式的問候，幾乎完全不會有功能，因為大家都知道那不是主管親自做的，那是一張冷冰冰的賀卡。

真正的關心，要來自主管有意識的作為，一句當面的問候，尤其問到個人的情境與家人的狀況，都表示了主管的在意與了解，會拉近雙方的距離。

主管的關心，當然由核心團隊開始，再隨機地觸及底層的員工，以建立主管貼心、親民的形象。

9 尋找交心溝通的機會

錯的觀念與做法

主管應與員工保持距離，以免因為太熟悉，而使員工無所畏懼，發生了問題，也不好嚴格處理，所以減少與員工交流的機會。

對大公司的高層主管而言，基層的員工只能遠望，很少有機會面對面的近距離接觸，印象往往是冷酷與威嚴。如果因緣際會，能近距離接觸，高層主管又冷漠以對，對員工而言，將產生不良的印象，覺得不被重視，也會降低對公司的向心力。

我們公司總共有一千多名同事，我能認識的大約一百多人，其餘的人他們認識我，知道我是誰，而我只有在他們主動稱呼我時，我才會知道他們是我同事。

在辦公室中，這些我不認得的同事遇到我時，通常有三種反應：第一種，他們會主動稱呼我，與我親切地打招呼，甚至還會寒暄兩句；第二種，他們會微微點頭，然後側身而過；第三種，他們會不知所措，快速閃人。

第三種通常是離我較遠的基層同事，他們對我只有敬畏，沒有理解，不知道我是什麼樣的人，只覺得我是一個高高在上的大老闆。

他們的緊張害怕是可以理解的，因為在辦公室中，他們只會感受到我令出如山的嚴厲，偶然還會在開會場合見識到我糾正同事的威嚴。我覺得除了害怕之外，自己應該在這些基層同事之間，要有稍微不一樣的形象。

我開始做一些改變，在辦公室中遇到所有的同事，我一定主動打招呼、問好，尤其遇到那些過去不知所措的同事，我更是熱情問候。一段時間以後，這種不知所措的同事逐漸變少了，他們開始會主動和我打招呼。

在電梯中是另一個改變我形象的好機會，因為有幾十秒的近距離相處，我更主動找機會與同事聊天。碰到我不認識的同事，我會主動詢問，是哪一個單位的？來公司多久了？工作還順利嗎？

如果遇到懷孕的小女生，我還會追問：什麼時候生？第幾胎？男的還是女的？這是一個來自長輩的關懷，通常我還會鼓勵他們多生幾個小孩，我自詡為台灣人口增加之義工。

還有一次在電梯中遇到一個不認識的同事，買了一袋包子，我主動問：好吃嗎？他說非常好吃，就在辦公室附近的店家買的，他還主動問我，要不要一個試試，我毫不猶豫地要了一個豆沙包，這個動作，讓全電梯中的其他同事都笑了，因為大老闆向同事要一個包子吃，這是稀奇的事。

中午吃飯的時間是我另一種表現親民的場合，同事大都是在辦公室附近的小店吃飯，我也會在這些店吃飯，每次吃飯難免都會遇到同事，我通常都會連他們的帳一起埋單，久而久之同事都知道，只要和我在同一間餐廳吃飯，就有機會被我請客。

我之所以做這些事，一來是因為個性使然，我是一個沒有架子的人，認為同事是難得的緣分，所有的同事都應該像一家人一樣。只是我一不小心把公司變成一千人的公司，讓我無法認識所有的人，雖然不認識，可是一家人的感覺還是在的，我只是用盡可能的方法，和他們親近，找機會和他們交心溝通，期待他們在這裡工作，有一個愉快的經驗。

對的觀念與做法

偶然有機會近距離接觸基層員工，一定要保持平易近人的溫暖，避免冷酷的感受，讓員工有好印象。

接近底層員工時，如果不認識，可以親切地詢問服務的單位，做的工作為何？已來了多久？以表示關心。甚至可以聊聊家庭，增進了解。

有時候還應該主動安排接近基層員工的機會，可以讓主管多理解公司的實務運作，避免只活在高層的象牙塔中，只憑間接訊息來經營公司。

10 錢不是唯一的獎勵工具

錯的觀念

只相信金錢與物質的實質獎勵，沒有金錢與名位，就不知如何激勵員工。

許多新手主管或者不稱職的主管，只迷信金錢的實質獎勵，只會用加薪、給獎金、給實質的物品作為獎勵；再不然就只有升遷、調整職位，認為這些才能有效地鼓舞員工士氣。

當我們公司規模還很小的時候，一個主管向我抱怨：「我既不能給員工加薪，也沒有獎金可發，我手上根本沒有任何激勵工具，我不知道如何帶領同事。」

當時我剛創業不久，自己也還是個一知半解的領導者，完全不知道如何回答他的問題，只覺得這樣的問題「怪怪的」，應該還是有正確的回應方式才對。

現在我終於懂了該如何回應，主管手中不是只有錢這種獎勵工具而已！

我有個五歲的小孫女，正在念幼稚園，她回家時常向我炫耀：「阿公，我今天又得到一個愛心，我總共已經得到八個愛心，我是同學中得到最多愛心的人！」

愛心是幼稚園老師想出來的獎勵方法，每當小朋友做了一件好事，老師就會給一個愛心，集滿十個愛心之後，老師就會給個小禮物。小朋友為了得到愛心，都會競相做好事，做個乖巧的孩子。

現在只要有主管向我抱怨手中沒有有效的獎勵工具時，我就會講這個故事。因為愛心幾乎是免費的，但是老師卻成功地運用這個工具，激發了小朋友努力向善之心，充分發揮了獎勵的效果。

對主管而言，薪資、獎金當然是最有效的獎勵工具，可是當公司規模小，不太有空間動用薪資及獎金這兩種工具時，難道就真的沒有其他方法了嗎？

其實主管手中的激勵工具包括有形與無形，也包括正向與負向，只是一般主管往往只知道有形的獎勵（金錢是最明顯的代表），卻忽略了無形的獎勵。

無形的獎勵工具包括：認同、肯定、公開的讚揚等等。每個工作者在組織中難免都會受到環境的制約，如果某個員工因為表現好，受到主管當面的認同及讚揚，其他人也都會被激勵，而更加努力做事。

這些無形的工具，其實和幼稚園中的愛心相近，都是主管創造出來的免費獎勵工具。當主管的人，一定要會善用這些無形的激勵工具，讓團隊成員知道，做了什麼事對團隊是有利的，會得到整個組織的認同。

當主管懂得善用這些無形的獎勵工具，偶爾再輔以不定期的小額獎金，像是五百元、一千元或者兩張電影票之類的有形獎勵，都可以達到更好的激勵效果。

除了正向的肯定或獎勵之外，主管也要善用負向的懲罰工具。如果有團隊成員犯錯，主管一定要明確展現出否定與責難的態度。主管不一定要罵人，但是一定要指出錯誤不可再犯，讓所有團隊成員明白是非觀念。

只要是主管，手中都握有權力，有形有價與無形免費，主管要懂得善用，不要再抱怨手中沒工具了！

對的觀念

①激勵工具有許多種，金錢與物質只是其中一種，而且並不是最有效的工具。

②最有效的激勵工具是：認同、肯定，給予員工舞台，這些都是可以不斷重複使用的激勵工具。

金錢作為激勵工具，最大的壞處是不能重複使用，因為會效益遞減，每次給一樣的錢，第二次的效益一定低於第一次，而且只能越給越多，才有效益，可是越給越多，組織肯定負擔不起。職位與物質獎勵亦然。

非定額給的獎金，效益也大於制度化的獎金，當員工意外得到一筆獎金，他們會覺得被肯定，也會持續努力工作，以期持續得到獎勵。

認同、肯定雖不是有形的激勵，但代表了主管的態度，尤其是公開被讚揚時，效果最大。

第二部

管理者的組織制度

11 沒有規則，就沒有核心價值

錯的做法

組織只有高遠的口號，缺乏每日可以依循的具體規定。

主管往往會喊出虛無縹緲的目標，例如：「大家要全力以赴，認真工作」、「今年目標一定要完成」、「要生產最高品質的商品」等，可是這些高遠的目標，並不能確保團隊一定能完成，經常是團隊雖然認同目標，但完全不知如何去做，也無所適從。

大多數的知名企業，都會揭櫫某些高尚的目標，作為企業核心價值，像是「誠信」、「創新」、「專業」、「生產健康及美味的食品」、「提供超值的服務」、「消費者第一、員工第二、股東第三」……這些都是冠冕堂皇的正向價值，但是企業真的就會信守不渝，永遠朝這方向邁進嗎？

答案當然不是，我們會看到知名的食品公司，為了利益，販賣過期商品，使用低價黑心原料；知名的石化公司，為了節省成本，埋設暗管，排放污水；大型建設公司為了賺取利潤，偷工減料。這些都與所揭櫫的高尚的核心價值背道而馳。

為什麼企業的核心價值會被束諸高閣，變成口號式的空談？

理由很簡單，核心價值如果沒有向下展開，變成企業每天工作上可遵守的工作原則，那麼核心價值和企業的例行運作，就沒有任何關聯，也沒有規範作用，自然就會漸行漸遠。

每一個人都會立志，也會有夢想，而立志夢想成真，就是要把夢想轉化為每天的行為準則，每天都要遵守準則去努力，然後把準則變成生活習慣，日子久了，就會逐漸向夢想靠近，最後夢想就會成真。

這個過程就是成功者的歷程：夢想↓工作生活準則↓習慣↓夢想成真。對企業而言，核心價值要成真，也要歷經這個過程。

以食品公司為例，要生產健康而美味的食品，以提升消費者的利益，那就要展開變成企業的運作準則：一、要用最好的原料，絕不用來路不明、未經檢驗的半成品；二、絕不添加對身體可能有害的添加物；三、過期商品絕對要銷毀，絕不重複改裝上市；四、絕不使用低價、低品質的原料……

當核心價值轉變成這些可精準遵守的原則後，還要在內部明確告知所有員工，要變成每一個人都知道而且奉行不渝的工作準則，久而久之，生產對消費者有益健康的美味食品，就會變成企業的組織文化，不論企業遇到什麼困難或挑戰，這些原則都不能違背。

做火藥起家的杜邦公司，最強調安全，確保安全變成公司的核心價值，他們要求員工下樓梯時，一定要扶著扶手，以養成安全的習慣，核心價值可以落實到這樣的細節，成就了杜邦的安全形象。

日本的京瓷公司從創立開始就立志要成為世界第一，這樣的目標變成要求每一個人都要付出較諸任何人都不輸的努力。他們也立下了利他的核心價值，做任何事不能只考慮「利己」，一定要找到利他的理由。稻盛和夫在創立第二電電時，就立志要降低日本人的通訊費用，打破國營事業的獨占，這種利他的想法，成就了第二電電的成功。

企業空喊核心價值是不夠的，一定要把核心價值轉化為企業中每一個員工可遵守的準則，努力推廣，奉行不渝，核心價值才會成真，才會形成企業的組織文化！

對的做法

組織要有高遠的目標，但更要把目標轉化為每天可依循的規則、隨時可追蹤的進度，讓團隊成員可以遵守。

高遠的目標只是工作方向，要達成目標，就得訂定更具體的進度與規則。例如要完成一千萬的年度業績，就要把一千萬展開成每月、每季的目標，逐月、逐季檢討追蹤完成；又例如要做到高品質的產品，就要轉化為品質控管的流程，照表操課；再例如要大家全力以赴工作，就要要求工作時間、工作態度、工作方法。

團隊的成員參差不齊，往往無法把高遠的目標轉化為具體的工作，主管必須訂定明確的規則，他們才可依循。

12「公開透明」不可思議的力量

錯的做法

不相信團隊，不公開所有經營上的訊息，只讓他們知道該做什麼，不讓他們知道為什麼該做，也不讓他們知道組織的全貌。

不是所有的員工都值得信賴，他們可能會對外洩漏公司機密，也可能會離職，而帶走公司的know-how，甚至他們可能會自立門戶，與公司競爭，因此不能讓他們知道所有的事。

還有不能讓他們知道公司的財務狀況，一旦知道公司賺多少錢，他們就會期待拿得更多，這樣公司負擔會加重，老闆賺的錢就變少了。

我們公司的財務資料一向是公開的，當然不是對外部公開，而是對經營團隊公開。

我們是導入企業資源規畫系統（Enterprise Resource Planning, ERP）的公司，公司損益可結算到次集團，各BU（Business Unit）、各部門，到產品線，到單一產品，只要是權責主管都可以看到各自負責的損益報表，而每一個人的績效獎金也是按損益計算，每一個部門都可以清楚知道自己能領多少獎金。

我們的公司也是營運透明的公司，每一個團隊成員都可以在公司的網站上，看到所有已經文字化的內部知識管理的know-how，只要你願意學習，你可以得到所有出版經營的完整知識。

我們公司所累積的營運知識，不只在內部完全公開，我們也對外部公司、對所有的同業公開，我曾經為同業開課，把公司累積的知識，完完整整地對同業公開。

同事問我：為什麼要把城邦所發展出來的營運知識，對同業公開，如果大家都學會了，我們還有什麼優勢？

我回答：我公開的是我昨天以前得到的知識，可是我們每天都會進步，別人永遠無法學會我今天以後得到的知識，我們還會進步，我們對自己要有信心。

我是公開透明的絕對信仰者，如果這個世界訊息被壟斷、真相被隱藏，那就會有不公平、不正義的事情發生。而當大家都把精神放在尋找正確的訊息、尋找真相時，這個社會就不易進步，只會在原地打轉，這是最沒有效率且沒有意義的事。

以企業經營為例：一個工作者如果只知道要做什麼事，可是對全公司的經營實況完全不了解，對公司的財務獲利狀況也茫然不知，我們會有很大的動機要全力以赴工作嗎？

當然不會，可是如果公司公開所有的財務及營運實況，讓所有的成員理解，然後再把獲利實況和成員的薪獎制度連結，讓所有工作者知道自己努力的成果，會改變公司的營運績效，而公司的營運績效改變，自己的獎金與所得也會隨之改變，那每一個工作者都會被激勵，有全力以赴的工作動機。

再以個人在組織中的學習成長為例：組織中的學習成長是工作的重要動機，如果組織把know-how視為機密，處處設限，不讓組織成員隨時與時俱進，不但阻礙了工作者的工作動機，也限制了組織的績效，因此我不只努力地把顯性的知識廣泛交流傳授，更致力把隱藏性的知識文字化、標準化，讓每一個工作成員都能夠快速學習成長，這是另一種組織文化的公開透明。

我們努力讓一切公開透明，讓所有團隊成員完全掌握營運的實況，知道該如何努力，可以得到什麼成果，也可以學到所有的知識、技術、能力，成為組織成長的力量。

對的做法

相信所有的團隊成員，公開組織所有的資訊，讓他們了解公司的營運實況，知道公司在做什麼？為什麼要做？如何做？

企業經營打的是整體戰、團隊戰，只有當每個人都全力投入時，才會有最大的力量。而員工的投入，源於知道「為何而戰，為誰而戰，如何戰，如何才能勝」，因此了解營運實況極為重要，這樣他們才有參與感，才願投入。

其次公司講究協調合作，訊息通透、溝通無礙，才能合作，要無私地公開經營上所有的顯性知識及隱性知識，這樣員工才會成長，也才能有更大的貢獻。

當然公開所有的財務，也必須要有與員工分享所有經營成果的雅量，要訂定相對應的回饋制度。

13 讓公司一夕改變的兩件事

錯的做法

每天都努力工作，但卻沒有設想最危險的事，事先訂定防範災難發生的規則。

主管往往每天忙於例行工作，對未來可能發生的危機，卻疏於防範，以至於一旦發生危機時，就出現重大災難，無法補救。

二〇〇〇年左右，我們與華人首富李嘉誠旗下的公司合作，他們成為我們的大股東。我正在好奇他們將如何管理我們公司，沒想到他們只派來了兩種人：財務和法務，仔細地了解我們公司的財務作業流程，並制定了許多新的工作規範，要我們遵守。財務工作在他們的要求之下，確實很快就上了軌道，我們也很樂意接受他們的協助。

可是在法務上，就完全不是這麼一回事了。因為在此之前，我們公司完全沒有法務，就算要對外簽任何合約，也是由直接負責的部門主管決定，頂多是如果直接負責的部門主管沒把握，就再來找我商量，而我也是僅就業務與生意的思考給予意見，對於如何簽合約以及合約的細節，就只憑直覺便決定了。

被派來的法務人員，首先要求逐一檢視已對外簽訂的合約，並將這些合約集中管理，並要求未來對外合約的簽訂，一定要經過公司的法務人員確認，當然也就立即在公司內成立了法務部門。

我當時覺得這真是小題大作，因為對外合約並不多，也不複雜，有必要成立這樣的控管部門嗎？可是後來日子久了，公司也越來越大，我就充分體會這件事的重要性。

經過幾年的觀察，我慢慢了解這些跨國公司的運作，當他們購併了一家新的公司之後，他們最先參與的部門一定是財務和法務。原因是只有這兩件事，會讓公司的營運在一夕之間改變，因此他們必須要立即控管這兩個部門，才能確保公司的長期穩定。

財務的重要性大多數人可以理解，因為每一家公司營運的成果都是以財務來顯現。因此財務流程上軌道，才能讓公司的營運實質顯現。

其次，財務也是掌控公司所有資產的部門，一定要有效的管理公司資產，才能確保公司的安全，因此財務管理的最高指導原則是：**check & balance**，要有嚴格的稽核，也要確保制衡，公司內不容許有一個人能單獨決定、挪移改變資產的情況。

而法務的重要來自於合約的風險，因為任何合約的簽訂都代表公司對外關係的確立，一旦簽訂合約，公司不論有多大的困難，都必須遵守，否則就會遭受處罰，因此法務與財務一樣，都會一夕之間改變公司現況，不可不慎。

剛開始，我不能完全理解這兩件事的重要性。可是隨著公司的擴張和經驗的增加，我現在完全認同這個概念，而且會徹底遵守公司所規定的財務與法務流程，在沒弄清楚前，絕不簽合約；沒有明確的預算、不符合財務審批流程，絕不動支一塊錢。這是每一個經營者必須理解與奉行的規則。

對的做法

設想組織可能發生的災難，預作防範，以避免發生時，出現致命的災難。

組織正常運作時，雖會犯錯，但不致命，可是偶爾也會因意外，出現不可測的災禍，主管必須有危機意識，及早防範。

重大災難通常來自法務與財務。對外的生意，因合約上的疏忽，導致公司出現違約，遭到求償，或者財務控管不當，出現金錢流失，所以財務及法務，最應制定嚴格的規範。

主管另外的危機，還包括重大客戶流失及關鍵戰力人員離職，這兩者都會造成組織短時間的損失，所以一定要妥善經營重大客戶及照顧好關鍵戰力成員。

14 薪水為何不能公開？

錯的觀念

①薪水永遠越多越好。
②薪水是最有效的激勵工具。
③薪水的核定要絕對公平，因此薪水可公開。

新手主管有許多錯誤的觀念，認為給同事的薪水越多越好，因此，薪水能加就加，而且薪水是最有效的激勵工具，如果不能給員工加薪，團隊士氣就不會好。

對員工的薪水，一定要公平，要一視同仁，平等對待，只要薪水公平，那薪水就可以公開，不需要保密。

在年終的策略校準會議之後，我決定把兩個不同的團隊合而為一，由其中一位主管領導。

這位主管在知道兩個團隊的薪水之後，不知如何處理，因為雙方的薪水有明顯的差距，原來分屬不同的單位，薪資水平有落差，可以理解，一旦合而為一，大家理應要在相同的水平之下，這變成棘手的問題。

我要人資主管協同處理，他們提出的方法是，以薪資低的單位為基準，要求薪資高的單位減薪。這兩個單位之所以合併，就是因為經營處境艱難，自然無法再負擔高薪。

我原則同意，但略加修正：薪資低的單位，表現傑出者酌量加薪，其餘不動；薪資高的單位，人員優先裁汰，只留下傑出者，留下者酌減薪資，或者不減。

主管問我，為何有人可以不減薪？我回答，其中如果有特別優秀的員工，又是團隊中的核心戰力，這種人要珍惜，可以不減薪。這種不公平，只能暫時忍耐，不可強行拉齊。

這個案例，解答了我心中一個長期的疑惑：「外商公司薪水為何不能公開？」公開自己的薪資與打聽別人的薪資，為何都會被列入重大過失？

我經營公司，一向公開透明，就連財務報表都不保密，唯獨薪資保密，這是從外商公司學來的習慣，但用其然，卻不知其所以然。

從這次合併兩個不同團隊的經驗中，我知道組織會發生各種情境，導致薪資無法絕對公平，合併、合資、關鍵人才的引入，都可能使薪資無法一次到位。絕對公平，需要有各種權宜措施，容許暫時性的不公平，然後靠時間慢慢拉近不公平。

公平其實是一個動態的現象，每一個時間點，如果放大檢視每一個人的薪資與績效，一定不是絕對公平，但每過一段時間重新校準，過則減、少則加，又回到公平。

每一個人的薪資不是錯在多，就是錯在少，主管不是聖賢，又如何能絕對精準與絕對公平？暫時的不公平與長期的動態公平，才是真相，因此薪資絕對不應公開，都只能是每個人心中的機密。

另外，每一個人心中的比較之心與自我感覺良好，常常放大自己的功能與貢獻，不能心平氣和地面對自己的薪水，這也是薪資不能公開的原因。

我直言拒絕員工比較式的加薪請求，因為他不該知道別人的薪資，但歡迎陳述自己的貢獻來要求加薪，這樣才能理性地討論績效。

薪資是組織中最敏感的議題，人性有各種自以為是的弱點，組織也有各種不可抗力的為難，這是薪資不可公開的原因。

對的觀念

①薪水對員工而言，是越多越好沒錯，可是公司可能負擔不起。

②薪水可暫時激勵員工士氣，但不是永遠的，常用也會彈性疲乏。

③組織要公平評價每一個人，絕對正確，可是每一個時間點，員工之間的薪水不一定絕對公平，而且每個人都會高估自己的評價，不能心平氣和地承認別人薪水應該比較高，因此薪水不應公開，以免爭議。

薪水永遠是工作者與組織的拉鋸，員工要多拿，組織要少花，其間的平衡點，就是公司找得到願意來的員工，而員工對薪水不滿意，但可以接受。

薪水也不是最有效的激勵工具，認同、肯定、給予員工舞台及表現空間，更能激勵員工。

15 公開儀式的必要

錯的作為

迷信自由主義，認為員工會自動做好工作，不需要各種工作規則的約束，也不需要公開儀式的會議。

我所從事的媒體產業，從業人員充滿了浪漫的自由主義，認為所有的員工都會自動自發，而且他們都具有獨立思考的能力，因此組織最好要自由放任，管得越少越好，不要打卡，不要開會，甚至連正常上下班的時間都不固定，公司中每個人各自設定上下班時間，隨時有人上班，也隨時有人下班，每個人是自由了，可是公司卻付出了很高的代價。

我的第一份工作是在保險公司的外勤單位，每天早上，全單位的人都要聚在一起開早會：主管講話、報告工作進度、聽演講、分享經驗，還要唱歌，經過這一連串的儀式之後，才開始一天的班。

年輕時，我對這種儀式性的活動，很不以為然，覺得這只是形式與口號，真的對工作有幫助嗎？可是年長之後，歷練了職場的酸甜苦辣，我逐漸認同公開儀式的重要，也會設計許多儀式性的作為，以提升組織運作的效率。而我自己，也會透過一些儀式性的行為來建立秩序，強化自己的意志力。

保險公司的外勤業務工作，每天都要歷經外界的各種考驗，客戶的拒絕與冷言冷語，讓人充滿挫折，工作者要出門前都要下很大的決心。而每天的早會，就是藉由外在的形式，讓工作者得以展開一天的拜訪工作，至於會中的教育訓練功能，則只是附帶的收益而已。早會確保了工作者準時早起的習慣，也激勵了他們的鬥志、強化了他們的意志力。

理解了公開儀式行為的功能之後，我也為組織設計了各種的公開儀式：年會、半年會、季會、月會、週會，視組織不同而選擇舉行。此外，各種報告會、分享會、檢討會，也勢必要舉辦。公司還不時舉辦各種競賽獎勵，並公開頒獎，以凸顯公司認同的價值觀，進而凝聚共識。

公開的儀式也包括各種海報的運用，像張貼標語就是工廠生產單位常見的作為，把重要的工作要求、準則，貼在工廠中顯著的地方以提醒所有人遵守。而在一般的辦公室中，也可以針對特殊的活動張貼海報，凝聚同仁共識以強化工作推動的效果。以業務單位為例，把年度業務目標、各種競賽活動，用海報張貼，隨時更新工作進度，是最常見的公開儀式活動。

組織需要儀式化的作為，以維持組織正常的運作，個人亦復如此。每個人都會有情緒起伏，不見得能長期維持好的工作態度，因此也要規畫一些儀式化的行為，來強化自己的意志力，提高工作意願。

以我自己為例，我平常穿著十分休閒，可是當我工作情緒低落時，就會刻意穿著全套正式的西裝，讓自己看起來儀容端正，精神奕奕。每天出門上班前，一定要刮鬍子，透過這個象徵性的行為，讓自己進入上班情緒。另外，要出書的前幾個月，我會每天五點起床，坐在桌前，不論有沒有寫作情緒，都如此作為，強行讓自己進入寫作狀態。

定期舉辦公開儀式，會變成組織制度的一部分，可以有效推動組織的運作，有助於組織目標的達成。同樣地，用外在定型化、儀式化的行為建立秩序與紀律，也可以強化自己工作的意志力與鬥志。

對的作為

尊重員工的自由意志，但仍須訂定制度，舉辦各種公開的儀式、會議，以利工作的推動。

我是用會議來經營公司，制定了各種必要的會議，主管會、業務會、產品會、檢討會、月會、季會、半年會、年會，以及各種專案討論會，會議中絕對不能少的流程是頒獎，總要對表現好的人給予口頭或實值獎勵，會議是凝聚共識、溝通意見、建立秩序與強化紀律的必要手段。

人需要靠儀式化的行為來規範自己，養成習慣，強迫自己去做不想做的事，並建立與組織的穩定關係，人的行為會改變，但有公開儀式，制度就會長存。

16 薪水小心加，獎金大方給

錯的做法

主管只重視員工薪水的調整，而疏於在團隊執行單一事件有好成果時，給予即時性的獎賞。

許多主管不太做即時的獎勵，也很少發立即性的小額獎金，或許是認為小額獎金微不足道，無法發揮激勵效果，也或許是因為完全不了解即時小額獎金的功能，這是十分可惜的事。

我永遠記得那幾次意外的驚喜。

在我當記者滿兩年時，老闆派了一個到韓國參訪的任務給我，並且還向報社額外申請五千元的採訪零用金。這次的採訪任務其實和我的路線無關，完全是老闆的特殊獎勵。我向老闆道謝，他只是微笑著說：「你這段時間辛苦了，好好去玩吧！」

另有一次我承辦了一個大型的展覽活動，從活動概念的發想、企畫案撰寫、招商，到活動執行，前後歷經數個月，完全由我一手操辦，活動算是相當成功。

當活動結束後，老闆約我到他的辦公室，對我肯定有加，而且給了一個紅包。由於當時還沒有一千元大鈔，紅包裝的都是百元鈔，我握在手中，厚厚的一疊鈔票，質感十足，真是過癮！

還有一年年終，當年終獎金發完後，老闆忽然告訴我，要給我一筆額外的獎金，以謝謝我這一年來的辛勞。我回想這一年，績效並無特別好，不過確實辛苦，所以我也就欣然接受了。

這些意外的驚喜都讓我記一輩子，對這些老闆，我也十分感念，他們都是我人生中的貴人，如有可能，我願意為他們效力！

可是一生中，我不記得任何一次加薪的過程。我的薪水漲了數十倍，有幾次也是跳躍式的加薪，可是我沒有一次記得，就好像加薪是理所當然的，沒什麼值得珍惜。

為什麼我會記得幾千元的獎勵，而完全不記得加薪呢？

因為加薪是理所當然的，應得的酬勞，而意外的獎勵是公司及老闆特殊的認同、肯定與獎賞。

因為加薪是每一個人都會有的，是例行的，而意外的獎勵，只有我有，只獎勵我一個人，這是不可多得的殊榮。

有了這樣的經驗，當我經營公司時，我就確立「薪水小心加，獎金大方給」的原則，因為一旦加了薪，就變成月月年年永遠的負擔，而且對工作的激勵效果有限；可是獎金是一次性的，每一次都可以大聲地向所有的員工宣布，一方面肯定被獎勵的員工，另一方面也可彰顯公司想塑造的正向價值觀。

當然最可貴的是——對每一個被獎勵者的工作激勵效果，他們會更加努力工作。

而發獎金時，切記不要直接匯入薪資戶，最好是由老闆親自面談獎勵、給付紅包，這樣的獎勵效果最大。

對的做法

針對個別的行為，單一事件的成果，多發即時性的獎金，這可以有效激勵員工的工作意願。

即時、非常態性的工作獎金，由於是一次性的，且金額通常不會太大，對公司的損益影響很小，可是卻可以公開表揚員工的好表現，樹立正確的工作價值觀。而受到獎賞的員工也會有意外的驚喜，印象格外深刻，會刺激他們更加努力。

因此主管應該在日常工作中，仔細觀察所有員工的表現，發覺值得嘉許的事件，經常須發獎金，同時在給獎時，應明確描述得獎者做了什麼事，為什麼值得肯定，這樣才會建立正確的工作價值觀。

17 三大死罪

錯的做法

沒有訂立明確的遊戲規則，沒有規定不可跨越的底線，讓團隊成員可以遵守，並知道絕對不可以犯的錯誤。

公司一定會設立工作目標，也會明訂各種規章，要求員工遵守，可是很少公司會明確規定員工絕對不可觸犯的錯誤，提醒員工絕不可以逾越的底線，以至於當員工犯下了不可原諒的滔天大罪時，要嚴厲懲罰，也欠缺依據，只能因循忍耐，無法收到以昭炯戒的效果。

在河南鄭州，我遇到一位中小企業台商，十幾年前當河南還是未開發之地時，他就從東南沿海遠走鄭州，以先行者之姿，在河南經營房地產，十餘年來大有成果，已是成功的台商。

他與我分享他在大陸的成功經驗：這十餘年來公司能長治久安、組織能穩健營運，全靠他當時一到河南就訂定的「三大死罪」。公司中的任何台幹，只要犯了三大死罪，就一律開除，沒有任何人情可溝通。

這三大死罪是：一、已婚的台灣幹部，如果和公司中的女性員工發生情感糾紛，開除；二、公司內所有的台幹不得私下賭博、打牌，否則開除；三、公司內所有台幹，不得與所有大陸員工有金錢往來，否則開除。

這位台商解釋：房地產生意大進大出，公司內充斥著美麗的女性員工，過去他在杭州做生意時，就發生台幹與女性員工的感情糾紛，讓生意大受影響，因此他首先禁絕所有台幹的想望。可是如果是未婚台幹，以結婚為前提的交往則不在此限。

第二大死罪，則是鑑於台幹在大陸實在十分無聊，聚在一起打牌、小賭在所難免，尤其大多數台幹又住在一起，下班之後，通宵達旦聚賭也時有所聞。問題是此例一開，一旦涉及輸贏，難免滋生糾紛，也影響工作。因此在公司草創之時，就把台幹聚賭訂為死罪。

至於不得與大陸員工有金錢往來，則是讓辦公室單純化，否則以台幹的敏感身分，一旦發生糾紛，更加難以處理，所以也一併禁絕。

這位台商告訴我，就是靠著這「三大死罪」讓他的公司十餘年來長保安定，所有的台幹都能安心全力在工作上打拚，沒有惹來其他麻煩。

這位台商自承，當時他要訂定這三條死罪時也曾十分煎熬，要用這麼絕對而嚴格的法條來規範公司嗎？這樣的規定，某些程度已經侵犯了員工個人的私領域生活，這樣做員工不會反彈嗎？

不過因為看了太多台商的前車之鑑，因此他最後還是毅然決然地訂下這三大死罪，並且和所有準備前往的台幹講清楚，讓他們都先有心理準備，因此實施下來，也就沒有太大困難。

對這樣的企業經營者我由衷佩服，他能預知公司可能發生的問題，然後用不可更動的規章來規範組織的運作，這是最有效的方法。

每一個經營者，你想過公司絕不可跨越的底線了嗎？

對的做法

明確規定員工不可觸犯的錯誤，以及絕不可以逾越的底線，讓所有的團隊有所依循。

這位大陸台商，因為台灣幹部在大陸不是因賭博，就是婚外情而發生意外，導致無心工作，因此事前就立下規矩，以防止他們重蹈後塵，果真發生作用。

每一家公司都可以制定類似的規則，以防止可能的災難，在我的公司中，我訂的不是死罪，而是絕對不該犯的錯誤：出版有三個不可原諒的錯誤：①延遲出書；②首刷印了太多書；③出了滿足不了作者期待的書。這三項錯誤都是出版人的「低級錯誤」，因此我三令五申絕不可犯此三錯誤。

第三部

管理者的團隊構建

18 大家要有共同理想，才能永遠合作

錯的觀念

企業的爭執、衝突在所難免，只要分工得宜，各司其職，就可以避免團隊衝突。

企業內的衝突勢所必然，解決衝突的方法，通常要靠成員之間彼此的自制，互相自我約束、「妥協」，就可化解爭執。

如果自制仍然不足，那就要靠明確的分工，制定好的工作決策模式，大家各司其職，保持距離，這也可以化解衝突。

三十四歲時，我一生第一次正式創業。我帶著創業計畫去向當時的經建會主任委員趙耀東請益，在他擔任經濟部長時，我因採訪工作而認識趙耀東，他從此變成我人生的導師，我一生的「趙伯伯」，在我面臨人生最大的抉擇時，當然要向他報告，期待得到他的指點。

他問了我創業的方向，也問了我準備了多少錢，當我告訴他有一些好朋友支持我，投資了一些錢，也有幾個合作的夥伴，大家都湊了一點錢，要一起下來創業。

當趙耀東聽到這裡，他眉頭就皺了起來，馬上對我說：「合夥生意不好做啊！」我再向他報告：「都是一些報社的同事，大家都對做雜誌有一些想法，而且我一個人也怕能力不足，因此找一些夥伴一起創業。」

聽到這，趙耀東就不再說什麼了。他拿起桌上的毛筆，就在經建會的便條紙上，寫下一行字：

「大家要有共同理想，才能永遠合作。」

他告訴我：「拿去，當你們未來想吵架時，就看看這句話。」

我留下了趙伯伯的墨寶，也把它變成創業夥伴間共同的合作準則，這張紙我用玻璃框裝起來，一直放在辦公室的桌上。

趙伯伯的話不幸言中，在創業的過程中，夥伴之間不時都對「如何經營公司」、「如何做決策」、「該不該花這些錢」有不同的意見。而我們因為沒經驗，也沒有把彼此之間如何負責、如何分工、如何授權、如何決策的原則談清楚，因此當意見相左時，就要花很多精神溝通。

剛開始，我們基於禮貌，還能互相保持風度，相互尊重、妥協，以化解爭議，可是後來隨著合作時間越久，積怨越深，風度逐漸用盡，爭執就表面化、白熱化了。

有一次在公司的正式會議上，我與創業夥伴正式吵了起來，而且一直得不到結果，所有參加會議的同事都十分尷尬，最後終於有一位主管說話了：「我們可不可以先結束會議？等你們『討論』完了，我們再來開會！」

主管幫我們保留面子，把火爆的爭吵，意氣用事的謾罵，說成了「討論」，會議一哄而散，留下我們兩個。

我已不記得最後我們如何解決，反正這種場景在當時常常不斷地反覆出現。

在當時，我確實曾經有過拆夥的念頭，只不過因為公司一創辦，就陷入困境，一旦拆夥，根本無法善後，我們兩個人都要變成欠債的經濟罪犯，因此拆不了夥，只好繼續合作。

在這一段時間，我確實常在辦公室中，面對趙耀東這張字條，我每次都要回憶，在討論創業時，我們幾位創業夥伴，興高采烈地討論創業的願景，那是多麼愉快而和諧，我們不都是懷抱了共同理想嗎？

趙耀東這幅字，伴我們走過創業最艱難的歲月，我們不管吵得多兇、爭執得多厲害，永遠守住合作的底線。

對的觀念

除了靠制度、分工，及相互間的自制之外，還要有共同的理念，追逐共同的理想，用共識來化解衝突，用遠大的理想來解決眼前的衝突。

在合夥的企業經營中，參與者在結合之初一定有共同的理念，有共同的理想，才能緊密結合，這種理念和理想，是維繫合作關係極重要的元素。

經營中如果意見相左，想法互異，當然可以透過交流、溝通、磨合、妥協，來化解衝突，也可以透過再次確認分工原則，用制度來解決紛爭，但這些都只是化解表面的衝突。

要真正解決問題，每一個合作者都要回歸合作的初心，再次確定未來理想，如果理想仍在，通常就可以無視於眼前的爭執。

19 核心團隊該多大？

錯的做法

對團隊經營沒有重點，主管把力量、時間平均分給每一個團隊成員，不知道要掌握核心團隊。

每一個主管所帶的團隊或大或小，小到三、五人，大到二、三十個人，甚至會大到一、兩百人，如果主管認為每一個人都一樣重要，想照顧到每一個人，那一定無法產生績效，也會疏忽了重要的工作。

而要有正確的作為，就要：①辨認誰是核心團隊成員；②把大多數的時間、精力都花在核心團隊成員身上；③對其他非核心團隊成員，只要訂好要求與規範，讓他們正常運作即可。

過年之前，我循例徹底盤點一下整個工作團隊，在台灣我帶領的團隊約一千人，一個完美的整數，也讓我深覺肩頭重擔難以承受，可是大多數人我並不認識，整個公司分成許多獨立營運的團隊，各團隊主管負完全責任，再由團隊主管向我報告，工作成員與我的互動極少，基於好奇，我約略盤點一下，常與我互動的核心團隊到底有多少人？

我用了幾個方法去計算，第一個是我認識、叫得出名字的人，這種人近兩百人，不到二〇%。但這並不準確，因為這公司我由小做到大，許多人已經和我工作一、二十年，因此雖然是基層工作者，我仍然認識。另一個方法是，統計下兩階的主管，再加上一些雖無主管職，但擁有某些專業的重要工作者，總計約一百五十人，占總人數的一五%，這些人應是我們全公司的關鍵戰力。

這次的盤點，協助我解答了核心團隊規模的問題，有一個創業中的讀者問我，他的公司有七十個人，核心團隊大約多少人才適當？

組織約可分為兩個層次，百人以上及百人以下，百人以上的公司必須要靠系統、靠制度營運，因此核心團隊的規模與八〇／二〇原理暗合，核心團隊通常不會大於二〇%，我們公司一五%的比例尚合常理。

可是百人以下的公司，屬於新創的小規模公司，又可以分為幾個不同層級：

五個人以下的小規模公司：人人都是核心團隊，每個人都要發揮高度的戰力。五個人的核心團隊約可擴張到十五人左右的公司。

十五到三十人的公司：核心團隊占比約在三分之一左右，三十人公司，核心團隊不超過十人。

三十到一百人的公司：核心團隊則在二〇%至三〇%左右，人數越多，團隊占比越少，一百人的公司核心團隊應不超過二十人。

這個核心團隊比率，並無任何科學理論依據，完全是我數十年創業經驗的總結，規模越小的公司，用人越精簡，必須要人人都有高度的效率，所以十人以下的公司，嚴格來說，每個人都是核心戰力，每個人都要當兩個人用。

而三十人又是組織的另一個門檻，三十人以下的公司通常經營者的兩眼可及，對系統、制度的要求並不高，因此只要有三分之一的稱職工作者，就能使組織發揮績效。

三十人以上的公司，經營者一人的英明已不夠用，一定要開始導入制度，例如要有健全的人資、行政等後勤管理系統，一旦系統建立，核心團隊的穩定作用就可發揮，因此核心團隊的比例可以降低，一個好的核心成員甚至可以影響十個人以上。

不過百人以下的公司，如果不能有效導入制度，那永遠不可能變成更大的公司，這時核心團隊的養成與制度的建立同等重要。

對的做法

把時間和精力，大多數放在核心團隊身上，其他的成員，只要設定目標，讓他們正常運作即可。

主管要掌握重點，首先要辨識哪些人是核心團隊，及核心團隊成員有多大。一般而言，五人以下的團隊，不應有冗員，人人都是核心團隊，十人以下的團隊，核心團隊約占一半。

其次誰是核心團隊？核心團隊指的是團隊極小化時，一定要存在的人，也就是團隊中，最重要的關鍵戰力，對團隊最有貢獻的人，這包括：①目前最重要的戰力貢獻者，也就是最有績效的人；②未來最值得培養的人，未來最有潛力成為幹部的人。

我會花時間和核心團隊成員聊天，溝通，表達認同與肯定，建立共識，並鼓勵他們更投入工作，也會在薪水待遇上給予對等的回饋。

20 為何團隊一灘死水？

錯的想法

核心團隊穩定是好現象，可以有效留存經營知識，增進工作效率。

核心團隊穩定當然是好事，代表公司向心力強，有共識。可是如果核心團隊永遠一成不變，也可能變成災難，如果企業面臨變革，老的核心團隊可能僵化，擁有一樣的經驗，習於一成不變的能力，就可能無法面對創新，而變成一灘死水，永遠無法改變。

因此核心團隊也有適時增加新血的必要，一定要從底層提升新的主管，進入核心團隊，以汰舊換新。

核心團隊僵化，導致核心能力僵固，是老企業、老團隊可能會面對的問題。

已經有兩年，我的一個曾經非常有戰力的團隊，卻呈現停滯不前的現象，不但業績在原地徘徊，獲利也每下愈況，我嘗試各種刺激措施試圖改變，但是成果一直有限。這個曾經讓我引以為傲的團隊，為何會呈現一灘死水的現象呢？

我不得不徹底檢查這個團隊。

首先我檢查這個組織中的核心團隊成員。我發覺整個核心團隊都是極成熟的工作者，他們的專業技能十分嫻熟、工作流程完全標準化、默契相當良好、對工作也有一定的團隊共識，理論上這是一個訓練有素的團隊。

我幾乎找不到缺點，但為何會一灘死水呢？

有一天我和人資盤點組織的工作年資，忽然發覺這個團隊的平均年資達到五年，我心中閃過一個疑問，莫非團隊老化了嗎？

我再檢查每年員工汰換的比率，大約維持在二〇％上下，這對一個成熟的組織，也算是健康的數字。

可是當我進一步檢查員工汰換的結構時，便立即找到了問題所在。

我的團隊一向以核心團隊為運作中樞，而核心團隊約占全部團隊的五〇％左右，可是每年員工的替換，幾乎全部落在非核心團隊之中。換句話說，核心團隊極為穩定，而非核心團隊卻大幅流動。

這代表什麼意義呢？核心團隊幾乎沒有新的成員加入、沒有新的基因，當然也沒有新的刺激，自然更不易產生不同的創意與做法，結果當然是一灘死水。

我找到了關鍵核心問題——核心團隊成員人才組合的僵固。

「核心僵固」原來指的是企業的核心競爭力因為外界的環境改變，導致核心能力已非企業競爭的關鍵要素，可是企業仍然死守原有的核心能力不放，導致競爭力不足。

要破解「核心僵固」，導入新人才是最重要的手段，而我的團隊的核心成員如鐵板一塊，幾乎沒有新血加入，當然不易產生新的創意，缺乏新的作為。工作成果自然也難有好的表現了。

我終於知道我該做什麼事了，我必須首先造成「核心團隊」成員的流動，汰舊換新過度老化的成員，轉換部分核心團隊成員的工作職位，然後再從底層提升有潛力的工作者，並且從外界引進不同基因的工作者。

而過去核心團隊與非核心團隊的人才不流動，其實也造就了非核心團隊的劇烈人才替換，因為表現好的非核心團隊發現往上升遷無門，很自然地便另謀高就了。核心團隊成員穩定雖是好事，但長期一成不變，最後也會是組織老化的災難。

對的想法

企業任用新人時，必須注意引進新的傑出人才，一步步把基層的好人才，慢慢地、有計畫地培養，讓他們能逐步進入核心團隊。

有計畫地提升好人才進入企業的核心團隊，是必要的做法，而原有的老團隊，不斷地做工作輪替，讓核心團隊成員能面對新的工作，培養新的能力，這也是增加原有核心團隊能力的可行方法，可以考驗核心團隊適應新變動的能力。

21 別忘了組織中的透明人

錯的做法

主管只注意團隊中能力強、績效佳的工作者，而忽視了辛苦工作、默默耕耘的人。

組織有所謂的「八〇／二〇」原理，八〇%的貢獻來自二〇%的核心團隊，因此主管只把關愛的眼神，留給這二〇%的關鍵戰力，而忽略了其他認真工作、提供協力與支援的基層人力。這群人是組織中的透明人，他們是組織運作不可缺乏的人，長期忽視他們，對組織的績效影響重大。

在文化部長龍應台的惜別會上，龍應台在感謝了所有的部內同仁之後，最後她請出了部長辦公室的工友、司機及部內的底層工作人員，要他們一字排開，並對他們致上深深的感謝。因為他們的服務，讓她能安心地擔任部長的工作。

上台的工友、司機們大都手足無措，顯然他們很少站在大庭廣眾之下，也有人眼中含著淚。

這是我見過最溫馨的惜別會，文化人部長龍應台果真擁有一顆與眾不同的柔軟心，她看到了最不受注意的付出，也最被視為理所當然的服務。她不忘在臨別時，對這些最不起眼的小人物說出她的感謝，也給他們最高的肯定。

我見過無數部長級的惜別會，大多數人會感激長官的提攜，大多數人也會感謝重要幹部的協助，頂多再加一句「謝謝全體團隊的投入」，但從未見過有人對身邊最卑微、最不起眼的服務人員給予感謝，彷彿這些人都是透明人一般。

是的，這些底層的工作人員在組織中都是透明人，也是隱形人，很少人會注意到他們的存在，也視他們的存在為理所當然，在許多的組織活動中，他們都是被忘記的一群。

打考績獎勵時，他們會被忘記；論功行賞時，他們會被忽視；升官加薪時，可能也輪不到他們。可是他們卻是最真實的存在，一旦他們缺席，組織可能就會秩序大亂，影響深遠。

龍應台的感謝提醒了所有人，不要忽視這群我們最重要的協力及服務者，他們雖然是默默地存在，可是他們具有關鍵貢獻，每一個人都應該對他們的付出，表示最深的感謝。

忽略某些人的存在，這或許就是組織的常態。會得到關注的通常是那些能做出八〇％貢獻的少數傑出二〇％人員，這二〇％的人通常會得到最大的資源、認同、回饋、獎賞，但如果只關注這二〇％，而未能給予其餘八〇％的人適當的認同，這是一個病態且不健康的組織，遲早會發生問題。

或許有的主管會感慨：在組織高度績效導向的評比下，這群默默耕耘的基層工作者，他們的成果很難顯現，因此很難還給他們應有的公道。

這絕對是事實，基層工作者很難得到額外的認同與獎勵，可是這不代表他們就應該像隱形人一般地在組織中存在。

其實有一顆柔軟內心的主管，只要心中有基層員工，能正視尊重他們的工作，然後適時地說出一、兩句感謝的話，這都可以有效平衡他們內心的被忽視感。

就像龍應台一樣，選擇一個適當的時候，說出我們對他們內心的感謝吧！

對的做法

在適當的時候，要表彰這群透明人的貢獻，說出對他們的感謝，而在回饋時，也要有他們應得的一份。

對這群默默工作的底層工作者，要常在公開場合肯定他們的貢獻，讓他們能認同自己工作的價值，並選擇其中表現較佳的人，給予獎勵。

在年度評比時，也要為這群透明人，保留一部分的實質回饋，讓他們也能分享組織的成果。

22 有能力的麻煩人

錯的做法

用人唯能力是問，只要有能力，其他事都可包容。

每個主管都在尋找有能力的人，只要找到有能力的人，工作就可以順利完成，可是有能力的人，可能也有許多特殊的習慣，不見得很好用。遇到有能力的麻煩人，主管通常會因為愛惜能力，而設法包容其麻煩的特質。

「用其所長，避其所短」，當然是主管必須學會的用人方法，可是如果其缺點太大，避無可避，甚至還會影響整個組織的運作，主管還要容忍嗎？

公司中一位小主管，工作表現不錯，但是與平行單位之間爭執不斷，不時要勞動更上層主管排難解紛，最後竟連我也驚動，這讓我又見識了組織中的一種特殊人物，我稱之為「有能力的麻煩人」。

顧名思義，這種人是最有能力的人才，他能完成組織交付的任務，如果單看單位績效，這種人絕對可用。

但為何是麻煩人呢？通常這種人聰明、本位主義、權力欲重、領域性強，而且極具企圖心。單位內的事他能完成，但橫向的協調溝通很差，與平行單位接觸時，通常得理不饒人，即使無理，也會用各種手段平反，自己的單位絕不吃虧，弄到組織中爭執頻生。

這種人又具有企圖心，很快就可察覺未來升遷的競爭對手何在，對這些競爭對手的單位，也會特殊「對待」，設法給對方穿小鞋，用盡各種「手段」打擊對手。如果對手單純，他就占盡上風，可是如果競爭對手也是狠角色，那一場組織中複雜的權力鬥爭就展開了。

這種人就是「有能力的麻煩人」，他們並非EQ差，而是心思複雜；他們有能力，卻會給組織帶來副作用。他們通常眼光精準，逢迎有道，知道組織中誰是實權人物，很容易取得上層主管的欣賞。組織中有一個這樣的人，就像在平靜的池水中投下一塊石頭，從此漣漪不斷，若上層主管處置無方，通常會引起巨大波濤，組織將從此充滿政爭，麻煩不斷。

在我的一線主管中，絕不容許這種「有能力的麻煩人」，因為稍一不慎，就會引發爭端，導致組織無法合作發揮綜效。

遇到這種人，我會明確告誡我對他的觀察，希望他收起複雜的心思，回歸正軌，而且我會發揮我的辨識能力，在他越軌時，立即制止，並給予處分。而最後如果仍然無法改變，我會放棄這種「有能力的麻煩人」。

可是我的一線主管，他們未必像我一樣，有能力辨識麻煩人，而只看到其工作表現，才會受困於這種「有能力的麻煩人」。

作為組織的上層主管，要有能力識人，不只是看工作結果，還要能檢查工作過程，要明辨是否用正常的方法完成。更要有能力看清部屬的心思，知道部屬是簡單還是複雜，是自私還是從公。如果上層主管無包青天之明，千萬不要用這種「有能力的麻煩人」；而就算有包青天之明，把組織文化變壞了，也得不償失。

對的做法

用人要全面思考，能力、個性、品德、EQ都要全面考量，不可只看能力。

工作成果雖然是最重要的用人標準，可是團隊的運作、成員的互動，也是影響績效的關鍵，因此評價一個人，必須全面思考。

品德、能力、態度、EQ，這四項都是衡量每個人的重要指標，能力只是其中一項。品德考驗一個人是否永遠堅持原則，做對的事；態度則決定一個人是否具備正確的價值觀；EQ則是能否融入團隊，和諧互動的要素。主管不可以只重視能力。

23 借你的人頭一用！

錯的做法

主管只要下命令，團隊自然會向中看齊，聽命辦事。

理論上，主管是組織中最高權力擁有者，他的指令，就是命令，每一個團隊成員都必須遵守。

但組織中會不會號令不行呢？這也是常見的事，對主管的命令，有人遵守，有人敷衍，也可能有人不理，這時候就是考驗做主管者的能力了。

面對號令不行的狀況，許多主管不知所措，有人只能一再重申命令，有人只會道德說服，有人只會勸說，但如果都沒有效果呢？

「這難免要借你的人頭一用！」

當問到台北市長柯文哲要如何帶領公務員團隊，才能打造成一個有效率的組織時，他這樣回答。

雖然沒有做進一步解釋，但他也為這句話加了一個註解：「我這樣說，可能會被解釋為權謀。」

柯文哲也提到他曾接觸一個新單位，並立即就收服了這個團隊的所有人，這說明了柯文哲在團隊領導上有其獨到的手段。

而為何在帶領新團隊時，要「借你的人頭一用」呢？

這應是出自孫武為吳王練娘子軍的典故：

吳王要考驗孫武的能耐，要他以後宮妃子為軍隊，示範操兵。孫武一聲令下，所有的妃子笑成一團，完全不當一回事。於是孫武下令斬了吳王兩位帶隊的寵妃樹威，果真所有的娘子軍都認真起來，接受操課。

孫武借兩位吳王寵妃的人頭一用，果然所有的妃子從此紀律儼然、努力操練、進退有度。當人頭落地，一切狀況都改變了！所有的人都向中看齊，絲毫不敢怠慢。

作為一個領導者，面對新的團隊，如何建立自己的威信?當然可以循序漸進，逐步強化命令的強度，慢慢樹立自己的權威，但也有更快速的方法，就是「借人頭一用」。

當團隊成員犯了十分明顯的錯誤時，領導者下令「開鍘」，嚴懲當事人，甚至不惜人頭落地，這就是借人頭一用。

當然除了被動地等待機會，等待有人犯錯時，以嚴懲樹威之外，還可主動設計各種情境，以引誘團隊成員犯錯，然後開鍘立威，這是有心機的、權謀的「借人頭一用」。

我也曾經為了樹立「準時」的典範，在一次開會時，要一位遲到的高階主管罰站五分鐘，之後才能坐下開會。從此我對準時的嚴格要求不脛而走，每個人都瘋傳我會讓主管罰站，因此大家都不敢遲到。

每一個領導者在樹立威信的過程中，都有必須經過的程序，大多數的主管會選擇循序漸進來完成。只有少數熟悉人性、老於人情世故的領導者會「借人頭一用」，或主動去創造「借人頭一用」的機會，這種領導者在帶領團隊時，除了有方法之外，還有權謀及帝王心術。遇到這樣的長官，通常都是伴君如伴虎啊!

對的做法

尋找合適的時機、合適的對象，嚴懲當事人，以樹立主管的威信。

「借某人的人頭一用」以嚴懲樹威的方式，建立主管的威信，通常是在新主管上任不久的蜜月期可用的方式，在新主管剛上任時，大家對你的權威、對你的作風尚不理解，如果找一個好時機樹威，確實可以得到極大的效果。

好的時機，一定要在公眾場合，一出手全團隊皆知。

好的對象，一定要是組織中的麻煩人，一開鍘，人人稱快，罪有應得，殺之成理，對象如果是還稱職的人，就要小心從事，另尋對象。

對任職已久的主管，你的威信已有既成的印象，比較不合適此一方法。

24 請求協助永遠比命令有效

錯的做法

主管有權力，凡事直接下命令最有效率。

主管確實有權力，可以直接下命令做任何事，部屬雖然不會拒絕，也不能不理，但是他們是否願意真心誠意全力以赴配合，卻也未必。迷信權力與命令，只會讓組織氣氛充滿緊張，尤其遇到困難的麻煩事時，需要團隊全力配合，才能完成，部屬往往只會表面配合，不會盡全力去做，以至於困難麻煩的事無法解決。

一九九一年，由湯姆．克魯斯（Tom Cruise）主演的《遠離家園》（*Far and Away*）正在如火如荼地拍攝中，這部片子的製作人葛瑟（Brian Grazer）接到電影公司的指示，由於此片的商業氣息不濃，賣座的期待不高，必須控制及削減拍攝預算。

葛瑟決定用最委婉的方式去溝通，他親自到拍攝現場，找到大明星湯姆．克魯斯，告訴這位大明星：「你雖然不是這部電影的製作人，但是我們都希望能把電影拍好，我們也都像藝術家一樣，心中有個願景，想要拍出關心的故事，可是整部片子的花費太高，看來我們不能再像過去那樣花錢了，必須控制預算。」

葛瑟接著說：「可不可以請你當這裡的領導人，帶領這群演員及工作人員，設法節省費用，幫忙樹立典範？」

湯姆．克魯斯回答：「我會百分之百配合，如果我去洗手間，我會用跑的，以帶頭示範，節省成本。」

湯姆．克魯斯說到做到，片子順利拍攝完成。

葛瑟在他所出版的暢銷書《好奇心》（*A Curious Mind*，中文版由商周出版發行）中回憶了這段過往，他很慶幸自己當時沒有選擇用下達命令去削減成本，而是用尋求協助的方式，取得大明星的率先認同，並帶領大家同心協力，共渡難關。

類似的情境，是我在管理工作中歷經了許多慘痛的教訓之後，才學會的溝通方式。

我是一個直截了當的人，任何事習慣有話直說，因此當我決定要做任何事時，我就會下令要求所有的部屬配合，不論這個指令有多困難，我都直接下達命令，我認為我是大主管，沒有人能違背我的指令，大家都必須無條件執行。

可是我常常遭遇部屬的抵抗，尤其當有些指令真的窒礙難行，他們的反彈聲浪就更大，這時我就必須付出極大的代價，要不是花更多的時間精力，去溝通說服；要不就是用更堅決的態度、更大的命令強度，去強力推動，把職場變成戰場，陷入極度的緊張中。

許久之後，我終於學會不一定要用直接的命令，可以採用請求協助的方法，邀請我的部屬共同和我一起面對困難、解決困難。

我慢慢學會，如果我要推動一件複雜、麻煩、辛苦的工作，我會衡量這件事可能讓哪一個部門、哪一個主管的反彈最大，對這個主管我就會採取溝通、商量，並且邀請他加入協助解決問題，希望他理解組織的為難，不得不做這樣的事。

溝通、商量、請求協助，永遠比命令更有效，主管一定要學會。

對的做法

放棄命令，用溝通請求團隊協助，會得到最大的成果。

命令只能約束表面的行動，不會激起部屬的內在動機。因此主管執行任務時，最好的方法是真心誠意溝通，尋求部屬的諒解與認同，以激發其內在的工作動機，一旦部屬認同工作的意義與價值，他們就會全力以赴完成任務。

用溝通請求部屬協助，雖然要多花時間，可是會有效的凝聚團隊共識，形成一家人的情誼，而不是冰冷的上下關係。一旦團隊情誼建立，就算因時間緊急，主管採取直接下命令，部屬也可以諒解主管的為難。

第四部

管理者的用人待人

25 人才的總帳與分類帳

錯的觀念與做法

人不可有缺點，要用完美的人才。主管永遠記得員工的缺點，不自覺地放大其缺點，而忽視了其他的優點。

有一次我想提升一位副總編輯，他的主管告訴我這個人不行，因為他的文字品質不太好，還不能升。我說他其他的條件不都是一流的嗎？這位主管也不否認，可是他只在意他的文字品質不很好，其實這位工作者的文字品質也在一般水準，只是並沒有太好而已。

這就是主管的盲點，眼中只見缺點，而忽視了其他優點，其實人誰沒有缺點呢？

一個主管聊起他的核心團隊成員：一個是超級業務員，但是很不合群，無法團隊合作；另一個是極佳的點子王，出勤狀況卻極不規律，經常找不到人；還有一個工作十分認真，可是就是反應不佳，頭腦少根筋。

在這個主管眼中，每一個人都有問題，都不是完美的工作者，他為此還經常感嘆，找不到理想的工作者，讓他十分辛苦。

所幸就整體而言，他的團隊績效還算不錯，只是他仍然不滿足，持續在找尋好的工作者，而且不時想換掉現有的工作者。

這個主管的困境，就是因為他在用人上不了解「總帳」與「分類帳」的道理。

每個人在工作中都有許多面向，包括能力、態度、習慣、協調、溝通、欲望等等。這些個別的特質就是分類帳，可以分別針對每一個細項打分數；總帳則是由分類帳彙集成一個人的整體評價，可以用來判定一個人是否真正可用。

根據我的用人經驗，每個人都禁不得用分類帳仔細觀察，因為沒有人毫無缺點。一旦我們用分類帳來分析每一個人，一定會找到一些無可彌補的缺點。而如果我們只因為一個人有一些缺點就不錄用，那我們將很難找到可用之人。

因此，主管在用人時，應首重總帳的整體評價。如果整體評價是個可用的人，就是可錄用的好人才，不應過度去放大對方的個別缺點。組織用人也是如此，應從整體評價開始，並且以工作能力為主要考量，只要能力許可，就予以錄用，至於其他的個別特質，通常是在工作中才會逐漸顯現。

換句話說，識人、用人時，通常是先看到總帳，之後才緩慢看到分類帳。而在分類帳中，除了少數一、兩種特質是關鍵要素之外，其他特質都是可被包容的缺點。

對我而言，用人時絕對不可犯的關鍵特質，便是道德操守。如果一個工作者的道德操守有缺憾，這樣的人絕對不用，不論他的工作能力有多強，我也不能容忍。

除此之外，工作者只要他在工作上的整體評價是好的，其他部分就算有一些缺點，都不應該是大問題。雖然組織可以要求工作者設法改善這些小缺點，以期待他能成為完美的工作者，可是如果工作者不能有效改善，組織也不可強求，否則便會破壞組織的和諧，瓦解組織的凝聚力。

如果主管決定看總帳，持續用一個有缺陷的工作者，就要設法避開他的缺點，讓缺點對工作的影響降到最小。尤其要注意的是，不要再不時去數落工作者的缺點，這樣只會造成工作者心中的不愉快，降低他的工作意願。

作為主管，要記住用人要看總帳，不要針對分類帳，一心期待有完美的工作者，只會找不到真正有用、好用的人。

對的觀念與做法

看人要看整體，只要整體是好的人才，就可以重用，至於他可能有的缺點，只要避開其短處，就可以了。

沒有人沒有缺點，總有長處與短處，只要優點多缺點少，就是可用的人，不可斤斤計較於每個人的缺點。

每個職位都有所需的關鍵特質，只要關鍵特質吻合就可用，至於其他非關鍵缺點，只要提醒當事人注意即可。

用人是用其長避其短，只要總體可用，就應大膽任用。至於其缺點，則應很明確地提醒及告誡，要求其自行注意修正、改善，並長期追蹤檢討。

26 千萬別用陸軍打水戰

錯的做法

用原有團隊去開創完全不同領域的新創事業。

企業如有新創事業之必要，最常見的就是，從原有團隊中，物色合適的人選去擔負開創的責任。這有一個風險，就是「用陸軍去打水戰」，如果原有團隊所需的專長和新創事業的專長完全不同，那就是錯誤的人事調度。

企業在新創事業用人時，一定要考慮到專長、個性與產業特質，不可以因熟悉、方便，就把手中原有的團隊，派到他完全陌生的領域，最後多以悲劇收場。

當平面媒體受到數位變革衝擊之後，我們公司就一直嘗試培育新的數位團隊，我們試了不同的做法：其一是讓原本紙本的團隊，也兼營數位媒體；其二是調用原本紙媒介的編輯，成立新單位，去營運數位新媒體。

幾年下來，成果幾乎是交了白卷，要不是虧損累累，就是連流量也乏善可陳，我一直在推敲其中的原因。直到我遇到一位網路的成功創業者，他在看我們所做的事情後，直白地指出，我們所做的事完全不是網路思維，只不過把原本紙媒介所做的事，在網路上複製一遍，這樣的東西在網路上沒人要看，他建議我要雇用年輕的網路世代工作者，放棄紙本編輯，才有機會經營數位媒體。

我下決心，重新開始，首先是購併一家新的小網路公司，然後放大其經營規模，維持其網路的創新精神，再讓此團隊與原有的紙媒介團隊相互交流學習，以了解彼此的工作方法，最後再從此新創團隊調任工作者到紙本團隊中，成立創新的種子團隊，去建立新的數位媒介，經過數年的努力，我們的數位媒體才終於逐漸成形。

這樣的經驗，說明我犯了一個用人的「低階」錯誤：用陸軍打水戰。

每一項工作，都有專業，組織用人就是要適才適所，要打海戰，就要用水軍，我把陸軍調去打海戰，上了船，他們就只會暈船，遑論作戰。用紙媒介的編輯去經營網路，根本是緣木求魚。

所以要啟動新事業，一定要尋找正確的專業人才，如果內部沒有，就要外求，我從外部購併，這就是「輸血」的做法，引進外部基因，變成內部的種子。

第二步，我把網路團隊與紙媒介團隊互相融合，不斷彼此交流學習，讓雙方都逐漸理解對方的想法、習慣與工作邏輯，這就是「基因混血」的過程，以便讓雙方能協調合作，找出創新的做法。

第三步，就進入原有紙媒介團隊的調整。我們要讓原有的紙媒介開展出新的數位營運模式，以應付紙媒介的目標萎縮，我們嘗試要求編輯學習數位專業，要具備數位思考，可是也會有人不想學，永遠只要當個紙本編輯，這就進入了「換血」的階段。

當一個組織，要從原有的生意模式，跨入全新的生意模式時，一定不可以遷就原來的團隊，讓他們勉強去營運新事業，這就是用陸軍去打水戰。

最好的方法，是先對外求才——「輸血」；然後內部人才交流——「混血」，這是團隊人才組合轉型的標準流程。

對的做法

物色合適的人才，適才適所任用，內部如無合適，外部挖角或透過購併尋找人才，都是方法。

把正確的人才放在正確的職位，這永遠是企業用人的法則。

在新創事業時，如內部無合適的人才，外求挖角、用購併以吸收人才，都是常見的做法，這是外部「輸血」，引進不同的工作基因，以適合新創事業之需要。

第二步再將新舊團隊互相交流互動，以達成基因「混血」。

第三步再評量原有團隊，如果有人不肯學習進步，再進行「換血」。

不只新創事業如此，原有企業如遇轉型、變革需要時，也有引進新基因之需要，亦須輸血。

27 有情有義與無情無義

錯的做法

①面對績效不佳的員工，立即而決絕地處理，完全不考慮當事人的感受。

②面對績效不佳的員工，念他在公司長期服務的貢獻，一再地容忍，一再地拖延，而變成組織的包袱。

大多數的主管都想做好人，不願去做得罪員工之事，面對有問題的員工，經常不知如何處理，一拖再拖。尤其這位員工如果是老員工，過去對公司有貢獻，就更無法下手，而成為長期的問題。

> 當然也有少數的主管，在績效至上的壓力下，以成本為考量，不能容忍團隊成員的績效不彰，對問題員工的調整、改善，沒有耐性，不願等待，如果在處理手法上不夠周延，就會讓組織出現冷酷無情的評價。

一個已經在公司中服務近二十年的銷售人員，近幾年業績每下愈況，一年不如一年，我要求相關主管限期改善。歷經一年後，仍無具體成效，主管向我請示，希望我再給他一年的時間調整。

我問主管為什麼？主管告訴我，因為這位銷售人員從年輕就進公司，過去也曾有不錯的表現，只是現在年紀已大，力不從心，公司對這種曾有貢獻的員工，應多一些耐性、多一些情義，再給他一次機會。

對這個理由，我欣然同意，因為對團隊成員，絕非現實地用過即丟，而應該多一點理解與諒解。

可是一年之後，情況依然沒有改善，我們又一次面對這個員工的問題。我要求將他轉為薪水較低的內勤行政職，如果他不同意，那只有優退資遣一途。

他的直屬主管仍有猶豫，畢竟已經和他共事十餘年，要資遣他是一個很困難的決定。

我無法同意這是「無情無義」的做法。我告訴這位主管：我們是不是已經盡其所能地協助他調整工作方法、工作態度？我們是不是也已經花了前後三年的時間，讓他去改善工作績效？我們是不是也嘗試讓他轉變工作內容為較容易勝任的內勤行政職務，而他又不肯屈就？

當我們已經做了這麼多事，這已是公司對一個資深員工的情義，只是當一切努力都無法改善時，公司也必須決絕地做該做的事。

資遣他是不得不然的抉擇，更何況在公司決定資遣之時，我們又考慮到他已有近二十年的年資，離二十五年的退休規定已經不遠，因此我們決定給予優退，以接近退休的待遇來讓這位員工離職。

這件事終於順利落幕，只是公司多花了一些錢，我們是用「有情有義」的方法處理「無情無義」的事。

身為領導者難免會面臨必須無情無義的痛苦決定，這時絕對不可以退縮、絕對不可以心慈手軟、不可以有一念婦人之仁，因為只要一退縮，組織的紀律、倫理可能蕩然無存，也會引發組織內劣幣驅逐良幣的惡性循環。

此時如果能在方法、手段上從情義面思考，盡可能在金錢的補償、時間的遲延以及名義上的說法，給予較柔軟溫馨的做法，相信可以讓當事人減少一些為難，也顯示公司照顧員工的態度。

如何在「無情無義」之中兼顧情義，是每個領導者必備的柔軟心。

對的做法

做無情無義的事，要有情有義。面對有問題的員工，要先告誡，給予時間調整改善，要給予足夠充分的時間，如果實在不能改善，再於兼顧情理下適當處理。

一般主管最常犯的毛病，是遇到問題員工，不敢直接面對，也不敢去糾正他，而任由他一再形成組織的困擾，一直要等到上級主管下令限期處理，才倉促動手，以至於問題員工在資遣時，可能毫無準備而懷恨在心，變成公司無情無義。

正確的做法是發現問題立即面對，正式明確地告誡員工，他有何問題，要如何改正，並要求限期改正，期限一到再仔細檢討，然後再給機會改正，再檢討，最多可給到三次改正的機會。

經過這樣的多次溝通，就絕非無情無義。

28 身邊一定要有真誠但敢說真話的人

錯的現象

主管天威難測，整個團隊只會唯唯諾諾，唯主管的意見是問，不敢也不會提出不同的看法。

能力強的主管、自我為中心的主管，在團隊中往往一言而決，沒有人敢質疑、敢反對，團隊很容易會變成主管的一言堂，大家都仰望主管下指令，不會主動面對問題、解決問題，變成主管一個人承擔所有的責任。

如果再加上主管愛面子、心胸狹窄，就算員工看到了主管的決策有問題，也不敢提出意見，因為可能會傷及主管顏面，甚至可能會遭遇秋後算帳，使組織出現「寒蟬效應」。

這種主管就是「獨夫」，以一人之力治天下，不可長久。

身為最高決策者是孤獨的，在最艱難的時刻，所有的人都仰望你，等待你最後的指令，而你的指令可能決定整個組織未來的命運。可是你的決定如果是錯的，那就會是一個悲劇，這時候決策者身邊，如果有一個真誠但敢說真話的人，就有可能避免災難發生。

美國二戰的名將麥克阿瑟（Douglas MacArthur），在擔任陸軍參謀長時，就發生過這樣的事。當時正值經濟大蕭條時期，國會一再刪減陸軍的預算，麥克阿瑟雖然極力爭取，但仍然無法改變被刪減的命運。有一次總統羅斯福（F. D. Roosevelt）召集了陸軍部長及麥克阿瑟，還有幾位陸軍將領一起討論預算刪減，要縮減陸軍常備軍團一事，當所有人都噤若寒蟬時，只有麥克阿瑟據理力爭，他在回憶錄中這樣寫著：「我感到痲痺噁心，氣急敗壞。」他向總統羅斯福說出：「當我們輸了下一場戰爭，美國男孩的腹腔被敵人刺穿，躺在泥漿裡，敵人的腳踩著他垂死的喉嚨，他吐出了詛咒，我希望他詛咒的名字不是麥克阿瑟，而是羅斯福。」

此話一出，羅斯福臉色鐵青，咆哮說：「你不可這樣對總統說話。」麥克阿瑟知道自己說得太過分了，隨即向總統道歉，麥克阿瑟也覺得自己的陸軍生涯已盡，因此立即向總統請辭。

就在麥克阿瑟起身離開時，總統恢復了冷靜，留下他，要他繼續為陸軍奮鬥。

麥克阿瑟從此成為羅斯福最信賴的人之一，經常與羅斯福共進晚餐，並諮詢一些與軍事無關的社會改革事件。有一次麥克阿瑟忍不住問羅斯福，為什麼問他一些他完全不權威的事？羅斯福回答：「我問你那些問題，並不是要聽好的建議，而是要看你的反應，對我而言，你是美國人民良心的表徵。」

麥克阿瑟的真誠、直言、挑戰性格贏得信任，而羅斯福不在意言語的衝撞，也不介意面子的損失，因而得到一位傑出的軍事將領及可信賴的心腹諮詢對象。

最高決策領導者身邊一定要有真誠敢說真話、能挑戰權威的人，這種人可以是核心團隊的成員之一，更可以是接班人的可能人選。領導人一定要隨時留意，用心拔擢，讓這種有見識、有看法、忠於自己、不隨波逐流的人能在組織中出頭，不被唯唯諾諾、講求和諧的組織生態所淹沒。

領導者越英明，往往自以為是，天威難測，身邊也就充斥著唯唯諾諾、聽風向說話做事的人，因此當領導者面對艱難的關鍵時刻，如果做出大膽而可能犯錯的決定時，就算團隊成員察覺不對，也沒有人敢說真話，只能眼睜睜地看著災難發生。因此在領導者身邊，一定要培養出真誠敢說真話的人，才有可能扭轉大局。

組織中一定有這樣的人，但領導者一定要小心呵護、刻意培植，這種人才能生存，也要有足夠的度量，這種人才能持續存在，千萬不要讓組織變成一言堂。

對的做法

真誠開放地討論問題，讓員工可以參與，集思廣益，以確保決策的正確。

在組織中，我明確地告知所有人，我是一個可以接納不同意見的人，只要說得出道理，只要是對的，我就跟你走，完全不用顧慮我的面子，也不會秋後算帳。

可是就算我這麼說，大多數員工仍然不太提出不同的意見，可能是他們真的沒有更好的意見。不過至少核心團隊的成員理解我的個性，他們會在我可能出現錯誤的決策時，出面反對，提出諍言。有的人甚至會和我爭得面紅耳赤，我也不在意。

要塑造組織成為開放的團隊，人人可以表示意見，這是困難的事，不過至少身邊要有幾位敢說真話、敢與主管爭辯的人，主管才能免於犯大錯。

主管該不時點名，寫下身邊敢說真話的人，看看有幾人？

29 引馬就水，推下水

錯的觀念

員工的升遷調任，一定要尊重當事人意願。當事人不想做的事，就盡量不要去做。

組織會因為各種需要，調任員工到新工作。可是員工也會有各種主觀意願，不見得願意就任。有些主管會很貼心地主動配合，如果員工不願意，就不會調任。

問題是，有時候就會發生這個人是組織中唯一合適的人選，而他又不願意去，這時候主管還是繼續尊重員工的意願嗎？

好的團隊工作者難尋，好的工作者、又有潛力培養成主管者更難得，因此，遇到這種人總是立即想交付重責大任，讓他好好揮灑一番。

偏偏這種人很有脾氣：「我不想當主管，我只想當個工作者，我不想每天都過著加班的日子。」遇到這種情況，身為主管的你，該怎麼辦？

「好、好，你只要做好本分的工作就可以了，我不會強迫你當主管！」這是我第一時間的回應。但許多重要的工作，我還是會指定他參與，讓他多歷練各種情境，並且不時地表達對他的認同和肯定，目的是在建立工作情誼及默契。

接下來，當組織有特殊任務，需要編組團隊時，我也會要他參與，並且先給他副召集人的頭銜，要他擔負一些責任。再下一次，我就直接讓他擔任任務團隊的負責人，藉此觀察他的領導能力，以及他拒當主管的意志有多堅決。

如果他歷經了任務編組團隊的考驗，代表他並非絕對拒當主管。之後，就要把他調到未來可能會接掌的團隊中，讓他慢慢熟悉整體團隊的營運，以作為未來升任主管的準備。

此時，這個單位如果發生意外的危機，或者原單位主管忽然離職，就是最好的時機。我會找他懇談交心，讓他知道組織目前所遭遇的危機，並告訴他，組織需要他挺身而出，請他務必別拒絕。

如果他還是拒絕或猶豫，你可以請他先臨危受命，暫時接下，等你再找合適的人選接替。一般而言，只要老闆事先下的工夫夠，具有共事的情誼，他通常會接受。

「你可以引馬就水，但是不可能逼馬喝水」。一個人如果沒有意願做事，我們絕不可能去逼他，就算我們可以用組織的威權迫使他接受，最後通常不會有好結果。

尤其是要選任主管，不只要在能力、態度上仔細過濾，在意願上更要仔細確認。如果材質合適，獨缺意願時，就要緩緩而來，仔細鋪排，才有機會讓當事人順利接任。

這整個讓千里馬歸化順服的過程，我稱為「引馬就水，推下水」：首先是不著痕跡地把馬牽到水邊，讓他習慣水邊的環境，然後瞬間出其不意地把他推下水。

我先是持續鼓勵這位有潛力的工作者，並且建立默契，目的是為了營造彼此之間的信賴感，因為如果沒有信賴感，人不可能違背自己的意願去做任何事。然後，我把他調去他未來可能接掌的單位，這就是「引馬就水」。

等到他熟悉了新任務，我們也認為他的能力合適接任主管，再來就是等待一個意外；如果等不到意外，那就創造、安排一個意外，讓他不得不、而且必須臨危受命，這就是「推下水」。

只要第一次能順利「推下水」當上主管，未來就能承接更大的任務。我的團隊中不乏這種「推下水」培養出來的主管。

對的觀念

只要組織有需要，就應該派出最合適的人選去任職。就算員工個人不是很認同，主管還是要想盡各種辦法，說服、勉強工作者去擔任新職。

人在組織中不可能擁有百分之百的自由意志，對組織的升遷調任，必須盡可能配合。而主管遇到員工不配合時，也要鍥而不捨地去嘗試、溝通、說服，不可放棄。

我聽過最有趣的案例：一家鞋廠要派一個主管去印尼，這位主管不同意，只好作罷。可是之後，執行長又想到一個辦法，告訴這位主管，你可以不去印尼，但留在台灣你必須戒煙，這位主管是個老煙槍，為了不戒煙，只好去印尼。

要改變員工意願，有各式各樣奇怪的手段，主管要努力嘗試。

30 賦權，授權，放手

錯的觀念與做法

①只抱怨手中沒有能幹的部屬可用。
②又沒耐性選擇有潛力的員工，一步步地培養。
③也沒花心力從外部引進有潛力的工作者。

一個已擔任一年的主管，在業績檢討時，訴苦說他的團隊中缺乏幹練的部屬，所以績效不佳。

這是主管最容易犯的錯誤認知，建立高效率團隊是主管最重要的責任，有好團隊才有好績效，而好的團隊要引進、要換血、要培養、要耐性，只努力工作，期待好績效，卻沒花工夫培養、改造團隊，這是主管最常犯的錯誤。

只要擔任主管一年以上，如果沒有好部屬可用，就是主管的錯。

許多的主管向我感慨：手中缺乏能幹的部屬，以至於凡事必躬親，否則就可能會失控。

這是多數主管常見的問題，團隊中缺乏能幹的工作者、可以倚重的副手，以至於工作績效不彰，心力交瘁。

面對這樣的問題，我想起我不斷重複的主管培訓過程：賦權→授權→放手，透過這種方式，讓我可以治大國如烹小鮮，以近乎無為而治的方式來營運公司。

面對每一個我主管的下屬團隊，如果團隊中還沒有一個可以負全責的主管時，我會暫代該團隊的主管，然後找一個有潛力的工作者，賦予他實際的執行權力，但是所有的事都必須巨細靡遺地向我報告，並按照我的指示去推動、去執行，這就是我培育可以託付的主管的第一步：賦權。

賦權最重要的思考是「尋找具潛力的工作者」。這有兩種思維：一是從原有的團隊中物色，從「資深」及「年輕卻有新思維」的工作者中去挑選；二是向外尋求，從市場中嘗試引進不同基因的人才。

當找到有潛力、可培養的工作者之後，就要讓他成為我的手腳，代我去執行整個團隊的運作，此時，可以給他一個代理主管的頭銜，也可以什麼頭銜都沒有，只要昭告整個團隊，聽他的指揮即可。

在這個階段，我只和他溝通，告訴他該怎麼做。我下達執行命令時要非常完整而細緻，從策略思考、為什麼要做，到要如何做、怎麼做，必要時還得事先展開步驟化的執行流程，以及過程中應該注意的事項。通常事前的溝通越細密，成功的可能性越高。

此外，也要非常強調執行後的報告及檢討，在每次執行完任務之後，都要他提出完整的檢討報告、利害得失，並提出日後的改善要點。

在經過一段時間的賦權之後，就可以進入正式任命的授權階段，讓這位有潛力的工作者成為該團隊的正式主管。成為正式主管之後，他會擁有完整的人事權、獎懲權、薪資權及工作決策權。只不過在正式授權階段前期，還要經過一段時間的密切觀察，以了解這位主管實際的工作狀況與整個團隊的互動，如發現有任何不適應的異狀，可以及時介入處理。

在密切觀察的授權期，我會酌量縮減主管的財務授權額度，一直要到我完全放心之後，才會給予完整的財務授權額度。

當這位主管通過了賦權、授權的培訓階段之後，我就會進入徹底放手的階段，讓他完全為這個團隊的實際運作、績效成果、未來發展負完全責任，而我只是低密度的監督。

從培訓賦權到完全放手，通常要經過兩年的時間才能完成，這就是我每天心心念念在做的事。我告訴所有主管，也要像我一樣有耐性地尋找潛力工作者，然後有計畫地培育養成，才能享受穩定的營運成果。

對的觀念與做法

培訓團隊是第一要務，要檢視團隊成員，挑選潛力員工長期培養，如內部人才不足，則要從外部引進，經過賦權，授權，放手的過程，以培養好幹部。

新上任的主管，首要工作就是檢視團隊成員，尋找可培養的員工，挑出可培養的員工之後，再賦予重要工作，檢視其工作成果，如果成果不錯，繼續持續測試，其間並仔細溝通，確認其工作態度是否正確，了解其個性及家庭狀況，確定其長期工作的穩定性，如果都沒問題，就是可以倚賴的好幹部。

在培養時，可以同時培養多位，看看誰最合適，也可以從外部引進人才，以改善團隊結構。

31 疼惜、信任、放縱、放棄

錯的做法

對好的員工，一味地愛惜、信任、放縱其自由發展，缺乏導正、校準，最後他會自動長成一個怪樣子，不能為組織所用。

對好的員工，主管難免尊重三分，禮遇有加，對有潛力的員工，主管也難免愛惜，盡可能給他機會放手做。

當好員工有過度的期待，對升遷飢渴，對薪水有急切的要求，這時主管如果只是一味地安撫、退讓，以至於扭曲了組織整體的公平，最後一定會變成團隊的災難。

對有潛力的員工，如果只是一味地疼惜、放任，最後極可能變成災難。

曾經有幾位我非常欣賞的工作夥伴，我非常信任他們，最後卻出現意外與波折，讓公司付出了相當的代價。

第一位是個極傑出的創新工作者，他開創出一個非常成功的新工作模式，帶領團隊賺錢獲利。我對他欣賞也信任，放手讓他管理他的團隊，完全不過問，因為印象完全停留在風光之中。

直到有一年，我發覺這個團隊獲利不佳，但我也只是提醒這位主管調整，基於信任，我並未插手。等到連續兩年成效不彰，我不得不介入處理，卻引起這位曾經是明星的主管不滿，含恨而去。

第二位劇情類似，只是結果因為疏於管理，他的團隊內部發生弊端，大費周章才化解。

第三個案例是一個外部單位，由於工作性質特別，需要特殊的專業，而這位主管到來之後，該單位績效明顯改善，讓我對他另眼相看，也常公開嘉許。沒想到這位主管挾能力以自重，在他的團隊中嚴格管理，也隨心所欲，一言而決。甚至連上層主管的指令都敢違抗，最後我不得不放棄他。

這三個案例都是源於疼惜、欣賞、信賴，但卻終於放任、放縱、放棄。對好人才的運用，天堂與地獄只在一線之間。

遇到好人才，起心疼惜，接著一定是給他空間，讓他發揮，也會給他相對的自由、自主，表現出對他的信賴、信任。可是如果因為信任、自主，而就疏於關注、修正，可能就會走到放任的失控狀況。信任與放任，其實只有一線之隔，但差之毫釐，失之千里。

前兩個案例都是因為信任而放任，因放任而疏於調整和管理，日子久了，放任就變成放縱，最後當我察覺有問題時，想協助、調整，卻被解釋成不信任，脫韁的野馬想讓其重新被約束，非常困難，最後都以韁斷馬走收場。

好的人才通常都在工作上有過人之處，但他們未必是好的管理者。如果要他們成為單位主管，還要非常細密的觀察、調整，確定他們在用人、團隊組建、領導統御、授權及執行力上都能適任，才能真正放手。否則有能力的天才工作者，都會成為災難主管。賞賜拔擢他的上層主管要負最大的責任，而我在此難辭其咎。

至於第三個案例，則因團隊孤懸在外，再加上工作任務特殊，上層主管不具相關專業，而致放任、放縱，終成尾大不掉，難以管理之局。就算遇到自己不熟悉的專業，我們也不可以就此完全放手，專業可以仰賴部屬，但組織最基本的工作倫理，還是要堅持，不可以就給能幹的部屬太多的「方便」，久了之後，「破窗效應」會在組織中蔓延，終至組織崩壞。

好人才可疼惜、可信任，但也要剪裁、調整，讓他們成為好的管理者，才有大用。過度信任的放任、放縱，最後會以放棄收場。

對的做法

好員工更要嚴格要求，教導培育，要糾正其不正確的觀念，要改造其不正確的行為，才能變成組織可以倚賴的好人才。

在我的公司營運不佳時，有一位傑出的銷售人才，大部分的業績是他創造出來的，可是他的胃口很大，對薪資期待很高，我投鼠忌器，只好配合滿足他的需索，可是最終仍滿足不了，最後他含恨離開。

如果在剛開始時，我就適度溝通，曉以大義，讓他理解組織的規則，說不定會改變這個悲劇。

對好人才亦然，培育的過程，絕對不可因信任而放任，任其自由發展，更要仔細剪裁，把他導入正軌。

32「好人」主管

錯的觀念

想做人緣好的主管，想當員工喜歡的領導人，溫文儒雅，和顏悅色，對員工犯了錯誤，也不忍苛責，認為員工自己會改正。

每個主管都有做「好」主管的傾向，好是人緣好、風度好、不嚴厲、不管人，凡事正向思考，對團隊只用鼓勵、勸說，希望大家自動自發，各自做好工作。這樣本無可厚非，可是如果只是這樣，只有紅蘿蔔沒有鞭子，組織就會出現問題。

尤其在團隊犯錯時，如果沒有檢討、沒有究責，只有原諒，那組織的紀律就蕩然無存。

一個從小被母親溺愛的小孩，最後犯上不可赦的殺人罪，在臨刑前，他要求最後一次擁抱在一旁送別的母親，擁抱的時候，他乘機咬下媽媽的耳朵，痛苦的媽媽不解，疼愛、照顧他一輩子，為何得到這樣的回報？

他回答：「都是你害我，如果我犯小錯時，你就嚴厲教訓我，我就不會一步步越陷越深；可是我每一次犯錯，你安慰我、袒護我，或是幫我逃避、掩飾，讓我有恃無恐，我終於走上死路，我恨你！」

這是一個經典的教養寓言，對應了疼愛與溺愛的差別。在職場中，也有類似的劇情，管理者可能陷入溫情與濫情的陷阱中，這種主管是會讓組織陷入災難的「好人」主管。

我的團隊中不乏有這種傾向的主管。這些主管的能力都很強，在我的高壓管理下，快速成長為事業部直線主管。可是當他們升上主管後，難免有浪漫的想法，他們不要像我一樣疾言厲色，他們希望自己更體貼部屬，把團隊塑造成溫馨的家庭。對他們這樣的想法我沒意見，我也討厭自己的嚴厲、直接且粗魯。但只有一個前提，他們不能變成前述寓言中那個溺愛兒女的媽媽，不能是「好人」主管與災難主管。

幾年前就曾經發生這樣的事，一個充滿溫情的主管所領導的團隊，在接生意時，竟因疏忽寫錯投標金額，錯失一個絕對會到手的生意，這個單位哭成一團，這位「好人」主管也體貼地和他們哭成一團，不忍責備他們。

問題是這次的災難實在太大了，讓「好人」主管的整個部門達不到預算，影響了考績，當然也才驚動到我。

我的處理很簡單，犯錯的小主管不可逃避，要在主管會上公開道歉，並設法開拓其他業績來完成預算，這位「好人」主管也要明確表態，這是不可原諒的錯誤，所有人不可再犯類似的錯誤，不見得要疾言厲色，但至少要是非分明。

這樣做的目的只有一個，維持團隊的價值觀與紀律，因為有人犯錯可容忍，別人再犯也可能比照辦理，結果是規矩不存、紀律蕩然，組織就瓦解了。

「好人」主管之所以會如此，通常和個性有關，他們多數能力很強，也有正義感且同情弱者，他們擋不住弱者的眼淚，只要有人在他眼前哭，他們的保護之心就油然而生，他們會忍不住一肩扛起所有的事情。

「好人」主管也比較有耐心，部屬有小錯，他們循循善誘，不論重複多少次，他們都願意。久了大家都知道他們是「好人」，做錯了、少做了，沒關係。

「好人」主管讓我十分為難，因為他們真是好人，只是賠上了組織的績效與團隊的未來。對於這種「好人」主管我無法事先防範，只有在發生災難、付出代價之後，才有機會改變他們。

對的觀念

主管要心存和善，可是當有人違反紀律，犯下錯誤時，一定公正執法，追究責任，以儆效尤。

主管有三件一定要做的事：工作要要求、小錯要罵人、大錯要懲戒。三件都不做是爛主管，根本不配做主管，績效差；會要求工作，不罵人不懲戒，則是「爛好人」主管，浪漫地想做好人，績效也不會好。

要建立紀律，其實最重要的是，主管要動口要求，動口罵人，對小錯要用說的，要告誡，以免擴大成大錯，被罵如果有用，就不會被懲戒，不要等犯下大錯，一切都晚了。

主管要有菩薩心腸，但也要有雷霆手段。

33 避開激勵盲點：讚美過程而非結果

錯的做法

稱讚部屬的工作是一件好事，但如果只針對所達成的成果表示讚賞，很容易造成部屬只追逐成果，不注重過程的弊病。

人很容易對好的結果表示讚美，例如稱讚小孩好聰明好可愛，這都是他與生俱來的天賦，我們也會讚賞部屬達成的業績良好，這都是成果論。好的結果得到認同，而只要結果不佳，不論過程如何艱辛，員工如何努力，都不會受到肯定。

一個教育心理專家曾寫過一篇文章，奉勸全天下的父母不要隨便稱讚小孩，尤其絕對不可以只就「結果」稱讚。

例如：「你好聰明。」、「你好可愛。」、「你考一百分，好棒！」、「你是全班的第三名，好厲害呢！」

因為這樣的稱讚，要不是稱許他與生俱來的天賦，就是稱讚他所達成的成果。經常接受這樣稱讚的小孩，很容易自滿於自己的天賦，而疏於努力學習；也很容易陷入只追逐成果，甚至學會不擇手段達成目標，而疏於對「過程」的執著。

正確的稱讚方式是：「你上課認真聽老師說，回家努力做作業，很棒！」、「你過去這幾個星期很認真讀書，現在考了一百分，很好！」

好的稱讚一定要強調過程，讓小孩知道只要全心投入，只要過程正確，最後一定會得到好成果。即使結果或許未如人意，也不用太在意，讓他們學會珍惜努力的過程。

「讚美過程，不讚美成果」這個激勵原則，在組織中也百分之百適用。

一般的組織中，有形的獎勵往往只針對結果，予以肯定和實質獎勵，像是業績大幅超越預算目標、順利而完美地執行一項專案等等。相形之下，那些「不論過程如何艱辛、困難，成果卻不盡如人意」的專案與人員，則通常會被組織所忽略。

只獎勵有功者，卻疏於肯定兢兢業業、但未必交出亮眼成果的工作者，組織很容易形成只注重表面工夫的文化，也會讓那些在組織中從事基層工作，不易有具體成果的人，成為被組織遺忘的人。

要補救這種組織中「激勵的盲點」，主管的口頭勉勵就變得非常重要。

主管要永遠記得，三不五時就要對正確的工作態度、辛苦的工作過程、正確的工作方法，明確表示認同和肯定，因為這代表了公司認同過程的組織價值觀。

主管要能明察秋毫，對於組織中每一個認真工作的人給予肯定，利用私下的接觸，清楚明白地說明主管了解部屬的努力，也要為他們的投入表示感謝。或許最後並沒有取得很好的工作成果，公司仍然認同他們的努力。

主管更要在公眾場合中，表現出重視過程更甚於工作成果的態度，要不時肯定那些在基層兢兢業業投入工作的員工，更要對那些為公司投入艱困任務、卻無法立即得到明顯成果的工作者表示理解與感謝。

日子久了，組織就會確立一種認同正確的工作態度、正確的工作方法的價值觀。讓員工知道，只要好好努力工作，組織會看得到他們的貢獻，也會肯定他們的工作價值。

對的做法

在讚美結果的同時，也要描述過程，以代表主管不只重視結果，更重視過程。

組織正確的價值觀，應該是認同員工的全力投入，努力做事。但全力投入並不保證有好結果，如果只有好結果才會受到主管的肯定，必然有許多好工作者被忽視。

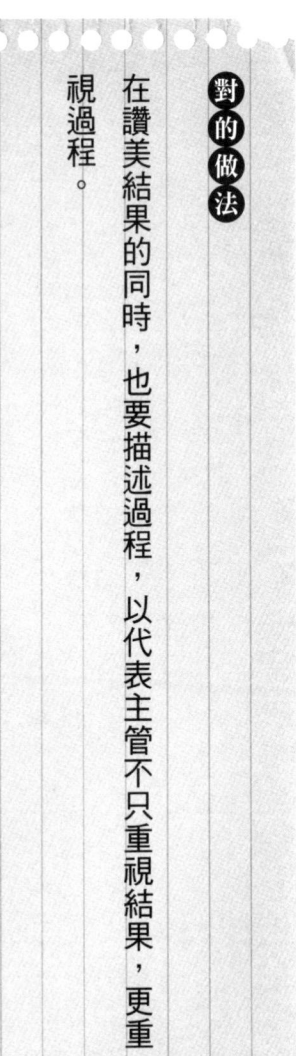

因此所有的讚美，在讚賞成果的同時，也要對他們在過程中的艱辛給予肯定，以彰顯公司並不是以成敗論英雄，只注重成果，不在意過程。

主管也應找機會讚賞全力投入、但尚未有好結果的員工，以平衡結果論的印象。

第五部

管理者的工作執行

34 你在現場嗎？

錯的做法

主管習慣在辦公室中做決策，只聽取部屬的輾轉報告，不到工作現場了解實況。

有些主管做久了，就習於只在辦公室中簽公文，聽取部屬的報告，所有的訊息都是間接訊息，沒有自己親眼所見的理解和觀察，這樣極容易誤判現場的實況，而做出錯誤的決定。

每年的國際書展，是台灣出版界的大事，我們公司通常會有數十個攤位，遍布展場的各個角落展出，從展前的布展、現場的展出，一直到展後的撤展，都是一項浩大的工程，要動員龐大的人力，小心翼翼，才能順利完成。

還記得國際書展的頭三年，我身為城邦的總經理，從書展前的規畫開始，我就參與，仔細討論工作流程的每一個細節。前一天開始布展、運書、搬書、上架，更是親力親為。書展開始，我更在現場為讀者解說、介紹、親自賣書，在整個書展的過程，我無役不與。

一直到三、四年之後，書展作業已逐漸上軌道，我才慢慢撤出，不再參與，讓直接主管負責督導。

這是我的原則：我永遠在現場，在意外、在困難、在複雜、在新生事務的現場，只要我不確定我的團隊能順利熟練地完成工作，那我一定會在現場，和他們一起共度困難，和他們一起共同尋找解決方案。

白手起家的創業者通常是現場主義者，因為創業的過程通常是老闆自己先做出來，再交給員工來做，任何事一定是老闆在現場，身先士卒解決困難。「現場原理」

是公司草創過程的必然道理，只不過這個真理在公司創業有成，稍具規模後，就開始質變。

現代企業通常是層級組織，從最底層的第一現場員工到最高決策者，通常要歷經三、四層，因此訊息向上層層轉達，而上級的決策指令也向下層層轉達，導致行為者與決策者不在同一個現場，難免出現誤差，解決問題最有效的「現場原理」從此不復存在。

我是創業者，我深知「現場原理」的重要，因此不論層級多高，我永遠保持在現場的原則。組織中只要遭遇複雜的事、困難的事、意外的事，或者過去從未發生過的事，這些事我的團隊處理起來有一定的難度，也有一定的風險，那我就會到達現場，和他們一起工作、一起尋找解決方案。我的到來，通常會激勵他們的工作士氣，也會使他們信心倍增，讓問題更快速解決。

現場永遠是發生問題的地方，也是解決問題的地方，現場擁有最完整的訊息，這些訊息隱含解決問題的方法，只不過公司的組織越大，決策的主管就離現場越遠，而離現場越遠，決策錯誤的可能性也越大！

我維持了一項習慣，一段時間一定要找基層的工作者聊聊天，了解一下他們的工作實況，也看看他們有什麼困難，這可以幫助我了解全公司的實況，也讓我保持著永遠在現場的感覺。

主管不可以關著門做決策，要永遠保持在現場。

對的做法

堅持現場主義，主管要經常下到基層，了解底層的工作實況，也要與基層員工溝通，以保持對組織實況的真實理解。

不論我的工作有多忙，我一定保持每週一次列席各部門的例行工作會議，目的就在了解他們正在做的事，以及所發生的問題，也保持了我對公司經營實況的理解。

我也經常會臨時到各部門走走，找主管聊聊天，也看看他們的上班情況。我還經常與部門主管一對一吃中飯，談談工作，也談談他們個人的近況，這些都在保持我對工作現場的理解。

決策距離現場越遠，錯誤的可能性越高，主管一定要堅持現場主義，以掌握真實情況。

35 親自確認每一個環節

錯的做法

主管高高在上，只動口交付任務，一相情願地認為團隊能有效執行，當發生問題時，已無法補救。

組織分工設職，各有專責。主管並不需要自己動手，但如果主管浪漫地信任團隊能有效完成所有的任務，可能會出現災難，尤其當遭遇新生事務，團隊沒有類似的經驗時，如果主管也只是口頭交付任務，即可能發生不可預測的結果。

參加集團內的一個頒獎活動，頒獎過程亂七八糟，一下子頒獎人沒到、一下子領獎人弄錯，禮儀小姐也不專業，不知如何引導頒獎人到舞台中央，照相時也隨便湊數。一個受獎人和我開了一個玩笑：「何先生，你們的頒獎活動很『文創』。」我知道文創代表隨性、紊亂、不規範，只好美其名為創意。

我找來主管詢問何以致此？他告訴我，他已交代事前要演練、要做好，沒想到他們做成這樣。我再問：「你有親自參與事前演練嗎？」他回答：他以為他的主管能負責，他並沒有實地參與！

這就是問題所在，我們常常高估了團隊的能力，也高估了部屬的能力，以為他們能負責，可是他們就算盡了全力，也無法把事情做到、做好。這種現象最高決策主管就要負全責，不只我的主管要負責，連我這個上層最高主管，也要為此事負責。

長久以來，每當組織要做一件新事務時，我總是親力親為，不放過任何一個小細節，一定要自己親自確認每一個環節都完美無誤，才能放心，這就是我負責任的態度。

面對新事務，我的組織從未做過，我不能假設我的團隊一定會做，我也不敢假設我的主管能負起這樣的責任，因此唯一的方法是我親力親為，帶領團隊一起摸索完成。

這種「親自確認每一個環節」的習慣，直到我為每一個團隊找到能負全責的主管，才將這個習慣轉到這些主管身上，由他們來代替我負全責。

這一次的頒獎悲劇，關鍵原因就在必須負全責的主管高估了他的團隊的能力，也高估了他的次級主管的能力，以為他們能做好所有的事，他只動口交代，要求他們要負責、要把活動辦好，但並沒有「親自確認每一個環節」，所以現場錯誤百出，掛一漏萬。

我不願苛責現場實際的執行工作者，我相信他們應該已經全力以赴，想把事情做好，但欠缺經驗、思慮不周、準備不全，這是非戰之罪。因為組織派給了他們能力以外的事，讓他們負了他們可能負不了的責任。

這件事真正該檢討的是我及我的一級主管，我的責任是沒有把一級主管教好，沒有讓他學到，對沒有把握的新生事務一定要「親自確認每一個環節」的工作習慣。

而我的一級主管犯的錯是高估了團隊的能力，也高估了他下屬主管的能力。他不應該一相情願地只動動口，就以為團隊能把事情做好。

其實不論再大的公司、再大的老闆、擁有再嚴謹的團隊，每一個最高決策者都要保持「親自確認每一個環節」的心態與能力，因為組織永遠會遭遇新生事務的挑戰。

對的做法

遭遇新生事務時，主管除了動口交付任務之外，更要親自確認每一個工作環節，仔細模擬演練，以確保團隊能有效完成任務。

主管對所屬的團隊一定要有深入的理解，知道他們的能力，也知道他們能執行多複雜的任務。如果團隊沒有十足的把握就要親自下手，檢查每一個執行細節，反覆模擬，一再練習，以確保任務可完美完成。

絕對不可以放任團隊自行面對沒有做過的事，因而出現錯誤，這完全是主管的責任。

36 吃不了三天飽飯！

錯的做法

團隊努力衝刺業績，可是卻缺乏扎實的執行，無法應付大量的生意，導致客訴連連，客戶也不再上門。

許多主管急著做生意，在團隊還沒充分準備時，就急著爭取客戶，如果沒做到生意，這反而是好事，因為不會知道團隊還沒準備好。可是萬一做到了生意，更不幸的是做到了大生意，這時團隊一定手忙腳亂，無法應付，要不是完成不了生意，就是草草應付，問題叢生，從此所有客戶都知道這家公司有問題，一切又打回原形。

一個業務主管業績大幅成長，我十分恭喜他。沒想到他毫無喜色，愁眉苦臉的大嘆：「吃不了三天飽飯，要吞得下去才行啊！」

原來他的業務團隊，新手居多，都是他一手培訓出來，一下子業務量大增，應付不來，以至於工作上四面烽火、問題叢生、客訴連連，他才會憂心忡忡。

「那怎麼辦呢？」「還能怎麼辦，只有我親上火線督軍，一步一腳印地協助他們渡過難關啊！」

這位主管首先要求團隊成員，不管昨天加班到多晚，第二天一早一定要提早半個小時到辦公室，仔細規畫思考所有的工作，排出當天要做的事，並明定先後順序，然後每天照表操課，一件一件去完成。

因為他發覺，在所有的客戶中，有的客戶心急、有的客戶要求繁多，如果業務人員經驗不足，常常就會被這兩種客戶牽著鼻子走，而漏掉其他重要的工作。每天提早半個小時到辦公室，就是要對現有的工作進行策略規畫，要按照「重要和緊急」這兩項要素，排定工作順序，重要又緊急的事第一優先，緊急的事第二優先，但適當處理之後，要立即回來做重要的事。

那現在搞定了嗎？「局面暫時是穩住了，我現在正在對這群團隊進行標準作業流程的訓練，要讓他們把這些經驗轉換成工作規範，以作為日後的依據！」

我很替我的團隊驕傲，他們又通過一次嚴苛的「壓力測試」。

這讓我想起去一家餐廳吃飯的經驗，這是一家新開的餐廳，因為口味不錯，所以我常去光顧，剛開始客人不多，服務也就還能接受。但是後來生意變好了，整個餐廳卻手忙腳亂起來，用餐等待的時間越來越長。我告訴自己，要給新餐廳一點機會，讓他們逐漸上手。

可是再過一段時間，我發覺他們改善得有限，長時間等待變成常態，最後我也就不再去了，這家餐廳沒有通過客戶密集光臨時的壓力測試。當大家都不願意等，他的生意又回到疏疏落落的狀況。

在職場工作，不只要會做，而且要熟練，更要禁得起同時湧入大量工作時的高峰壓力測試，能夠通過壓力測試的考驗，才是一個真正幹練的工作者。

承平時期，看不出工作者的能力，忽然湧入的工作高峰，就是考驗工作者的時候，工作者一定要全力以赴，還要找出工作方法，設法通過每一次工作高峰期的壓力測試，每經過一次壓力測試，我們的能力就會成長，未來就有更大的格局。如果通不過壓力測試，就會「吃不了三天飽飯」，回到挨餓的原形。

對的做法

在正式對外做生意時，一定要把團隊訓練好，把流程校準好，要確保生意能有效執行，才可對外營業。

企業經營一定是先裡後外，一定要先把內部團隊訓練完成，並確定足以應付突發性的工作高峰，才能正式對外開門做生意。

在內部還沒準備好時，就對外接生意，無疑是讓所有的客戶都知道我們的缺點，告訴他們我們是不值得信賴的公司。

檢測內部團隊，最好安排大量生意的壓力測試，確定團隊能應付多大的生意。

37 先求不賠，再求能賺

錯的做法

工作未經精準的試算，以確保工作能順利完成，就孟浪決定下手去做，最後往往以失敗收場。

主管在啟動新的工作計畫時，理論上都會經歷評估與分析階段，可是如果評估不精準、分析不徹底，或者是太樂觀估計，極可能就會啟動一個注定失敗的計畫，這是主管絕對要避免的事。

我們的出版生意，每年要出版上千種新書，這意思是每年推出上千種新產品，每一本書都有賺有賠，每出一本書都是一次賭注，賺賠之間，全在於事前的評估與判斷。而公司每年營運的成敗，新書賠錢的比例一定不可多於一〇%，因此我們事前的選書評估邏輯是「先求不賠，再求能賺」。

我們公司內有一張「新書評估試算表」，每一位選書人只要按試算表的要求，設定出版規格及各種假設條件，並填完表格，就會得到一個結論：這本新書如果出版，能不能過損益平衡點（break-even point）？如果能過損益平衡點，這本書就可出版，而如果不能，那就要放棄。

我們常常為了確認一本書能否出版，反覆設定各種出版規格，不斷重填試算表，以嘗試找到能越過損益平衡點的工作方式，當然如果一直找不到方法，這本書就要被放棄。不論選書人主觀上多麼喜愛這本書，因為主觀的直覺一定要經過客觀的試算檢驗，才可以付諸執行，這是確保出版「生意」立於不敗的唯一途徑。

「先求不賠，再求能賺」這樣的生意邏輯，也變成我一生中非常重要的商場守則，尤其在啟動任何新事業時，我一定要在事前確認找到能突破損益平衡點的方法，我才會考慮投入，這是創業者最安全、最保險的思考方式。

啟動任何新事業之前，我們永遠無法預知其市場反應好壞，如果很好，那就很賺錢；如果很不好，那就可能賠錢，我們永遠在探詢市場反應的真相，只是永遠無解。

我們當然無法知道真正的結果，但可以預測最差反應的極小值與最好反應的極大值，而如果我們的策略是「先求不賠」，那只要檢查「最差反應的極小值」是否能超越平損即可。如果此極小值已足以超越平損，那代表此生意絕不會賠錢，自然可以放手去做。

只不過輕易就超越平損點的生意很難找，這個預測的極小值通常在平損之下，這時如果我們還不想放棄這個計畫，那就要重新修改生意規格、工作模式，以求成本結構改變，看看能不能達成平損。

當然還有一個更極端的方法，就是直接以極小值的營收規模去試算可以負擔的成本、費用結構，然後再用這樣的工作規格，看能不能找到可行的生意模式。

「先求不賠，再求能賺」雖然是絕對保險的生意原則，可能失諸過於保守，但卻不失為初次創業者最安全的思考，這也是我歷經無數次創業之後，給自己設下的最低啟動規格，除非找到平損模式，否則絕不投入。

對的做法

在啟動新計畫前，先設定最低的成果，也就是不會賠錢、公司不會受到傷害的底線，再確定是否有百分之百的把握，達成此一目標，如果能達成，此計畫才有可能推動，亦即先求不賠的絕對安全策略。

做計畫時，一定會經過試算，可是若試算不嚴謹，就可能推估錯誤。因此要先確保即使出現最壞的結果，公司也可以承受、不致受到傷害的最低標準。如果能確保此一結果，那此計畫就可以考慮推動。

這是放棄好結果的推估，改採最低最壞結果的試算，以確保公司絕不會遭遇新的困境。這是經理人最安全、最保守的工作方法。

38 策略性棄守

錯的做法

對沒有前景的生意，主管卻習慣性地繼續做下去，不去思考此生意存在的意義，也不去思考此生意的未來發展，一直要等到已經虧損，不堪負荷時才停損，既浪費了時間，也錯失了機會，這是主管不該犯的錯。

每一項產品都有生命週期，如果產品已居生命的末期，業績持續衰退，這時就應主動思考這個產品是否應該持續存在，何時該退場，絕不可一成不變地努力去維持，到最後浪費了時間，仍然一無所獲。

一個團隊主管想要結束底下的一個部門，他主動來找我商量。

對於這個主管來說，這個要結束的部門，占了他整個團隊業績的五〇%，對他而言，這是一個非常重要的部門，但是他仍然下定決心主動裁撤。原因是這個部門業務的毛利率始終不佳，雖然對團隊整體業績的提升有助益，可是很可能賺不到什麼錢。

更重要的是，這個部門所接的專案，都需要內部研發部門的全力配合才能執行，導致研發部門一直在做一次性的專案，無法專心全力做好產品，許多急需要提升的功能也只能都暫時擱在一邊。

由於這樣的狀況已經影響到整個團隊的長期發展，因此，團隊主管痛定思痛，決定切割結束此一部門，勇敢犧牲掉現有的五〇%業績。

對於這位主管的決定，我舉雙手贊成，這是每一個領導者都應該要做的事。

領導者的工作不只是看業績表現，還要不時檢查整個團隊的業務方向，每隔一段時間就要重新盤點、徹底檢查所有產品線的價值和意義。對於有發展性、有潛力的部門，就加以保留，甚至在政策上加碼投資。至於一些潛力不足，或者是不具有策略性位置的產品線，必要時就要做出「策略性棄守」的決定。

「策略性棄守」並不是指當生意已經明顯虧本或者是不能做的時候，領導者才做出放棄的決定，而是在生意看起來仍然有可為的時候，就主動宣告放棄。

大多數領導者很容易就會日日為之，習慣性地持續現有工作，忽略了要去思考整個單位的實際營運狀況，一直要等到產品出現虧損，才會嘗試做出調整，這絕對不是一個負責任的領導者應該有的作為。

一般而言，領導者至少每年都要針對所有產品線做一次全面性的檢視，以決定該裁撤還是該保留，該縮減還是該加碼。

只是，在進行「策略性棄守」的思考時，如果遇到還有生意做、仍然能賺點小錢，可是成長已經陷於停滯，甚至是已經處在衰退中的部門，究竟該如何處理，這是令人困擾的事。

這當中的判斷標準是：如果這樣的單位仍然有小錢可賺，而且留著並不會占用整體公司資源，也不會影響其他單位的發展，或許還可以暫時保留著。但是如果繼續存在會占用公司資源，導致其他部門的發展受限，那就應該下決心進行「策略性棄守」。

所謂「策略性棄守」的真義也就在於此。領導者在部門仍然有一定的存在價值時，就能看出其中的問題，而決定及早放棄，為公司做出最明智的抉擇。否則等待財務報表來告知該何去何從，那一切都晚了。

對的做法

隨時檢視手中所有的工作，從長期發展、對公司的策略意義、是否能獲利等角度，進行策略思考，以決定哪些工作該持續，哪些工作該加強，哪些工作該減少，哪些工作該停止，這種思考至少每年都該做一次徹底的檢視。

人陷在例行的工作中，很難思考長遠的未來，因此必須每年檢視一次所有現存的工作，尤其對那些現在衰退中的產品，更要仔細分析，如果持續堅持已沒有遠景，就要大膽地「策略性棄守」，主動放棄，把時間精力用在發展新事業。

39 不要解釋要解決

錯的做法

面對問題及困難時，主管只思考問題發生的原因，追究問題為何發生，卻始終提不出問題解決的方法。

遇到災難或困境，主管如果一再解釋發生的原因，很容易讓人感覺是在為自己脫罪，如因外部景氣因素，因意外不可抗力因素，因消費習慣無法改變等，都隱含著這不是我的錯，但是公司真正在乎的是問題將如何解決，而不是在追究這是誰的責任。

一次主管會議中，一位部門主管提出一個問題，希望權責單位能解決。我要這個負責的主管回答，他說了很長的話，都在解釋這個問題如何產生，我耐著性子聽了很久，不得已才開口：「不要解釋問題的原因，只要提出具體的解決方案就好。」

沒想到這位主管開始講他部門的工作有多繁重，又講了這個問題背後有多複雜，始終沒提出具體解決的時間表及方法，我終於忍不住，拍桌子大罵，並要求他限期解決，會議以不愉快收場。

我生氣的原因，並不是營運出錯，工作中出錯是難免的，我早已習慣團隊會犯各種錯誤。真正的原因是，相關主管急著解釋而不解決問題。

這件事已不只一次在我辦公室中上演，一有問題發生，大家急著解釋，急著找替罪羔羊，我早已在公司內部一再重申：遇到問題，不要解釋要解決，可是成果似乎不大，每個主管遇到問題，還是不斷解釋，尋求諒解，而沒有把心力放在問題的解決上。

我試著理解團隊主管們為何會辯解？很可能是因獎懲而來，有錯要檢討、處罰，這是組織的常理，因此一發現問題，一定要先減輕責任，所以立即的反應是解釋。為此我也曾昭告周知，犯錯可理解，只要立即補救，做出相應的措施，就可以免責。

但這仍無法免於解釋，最後我只好承認這是人的通病。遇到問題先卸責，尤其是權責主管必然如此，能真正冷靜處理、尋找解決方案者，通常反而是不相干的其他主管。

還有一個原因，與上層主管的風格有關。大多數的高階主管遇到部屬犯錯時，通常會有激烈的反應，盛怒、罵人、口出惡言，這是常見的事，當高層主管的反應如此，犯錯的當事人如何能冷靜？如何能不嘗試避罪？又如何能快速而有效地解決問題呢？

但不管如何，一旦發生問題，最重要的事還是解決，而不是解釋。不論你多害怕、多緊張，面對錯誤，第一時間的直覺反應一定是面對問題、解決問題，這是彌補錯誤的最好方法。

承認錯誤是痛苦的，可是如果不承認錯誤，人往往會文過飾非，會用另一個錯誤來掩蓋前一個錯誤，以至於錯誤可能越滾越大。

解釋錯誤的另一個風險是，錯失解決及補救的良機。錯誤一旦發生，一定有所謂的「黃金救援時間」，這個時間，稍縱即逝，如果我們在解釋錯誤上浪費時間，很可能就會錯失解決問題的機會。

我要求所有團隊，面對錯誤，第一時間是解決，絕不解釋，更不是檢討，也不追究兇手。先把問題解決，事後再檢討，而不是浪費時間、精神在口舌之爭上。

對的做法

提出具體的解決方法，以面對所發生的災難或困境，不必去解釋災難的原因。

原因不是不能解釋，如果釐清原因之後，有助於解決方法的提出，那解釋原因有其必要，否則原因應該簡單帶過，說多了就讓人覺得主管在脫罪。

如果提不出徹底解決的方法，主管至少要提出減少傷害的方法，或者提出分階段的解決方法，一定要有所作為，不可束手無策。

40 業績沒達標怎麼補？多做額外的事

錯的做法

當業績目標不能完成時，主管只是一味地努力工作，仍然用原來的方法做事，最後目標一定不能完成。

主管的天職就是完成組織交付的任務，可是如果已知任務無法完成，該怎麼辦？許多不成熟的主管面對這種狀況時，仍然只會用原來的做法，只是更加努力做事，這樣通常無法改變現況，只能坐視目標無法達成。

在檢討過去半年績效的會議中，一個主管的業績數字與預設目標有相當大的落差，他很仔細地說明業績未能達成的原因，但是對於接下來要如何達成業績目標則隻字未提。

我忍不住問：「那你要如何達成業績目標呢？」

他回答：「我們會全力以赴達成！」

這位主管顯然對於如何達成業績，完全沒有具體的方法，只知道要努力。而這也是許多新手主管常犯的錯誤：欠缺有效達成目標的方法。

我記得我剛升為主管時，我的老闆就教了我兩個完成目標的方法，一個是「數人頭」，一個是「數日子」。

數人頭，就是把業績目標全數分配給扛有業績責任的人。如果團隊中有十個人要負責做業績，就是把業績目標平均分配給這十個人，然後每月追蹤達成率。當然也可以按照這些人的能力，分別設定不同的責任額，可是加總的數字一定要大於或等於業績目標總數。

數日子，則是把全年的業績目標，拆分成每個月的進度，設定月目標，再逐月檢討。

不管是數人頭或數日子，都是把目標拆解為小目標，然後追蹤檢討。

後來我主管的範圍變大，手中有幾個不同的產品，我又多了一個拆解的方法，就是以「產品別」設定個別的業績目標。可是不論是以人、時間或產品拆解業績目標，都不足以確保業績的完成，那又能如何呢？

為了確保業績的完成，我又想出另一種方法：問自己要多做什麼事，才能完成業績。

一般而言，每個單位都有每週、每月、每年的例行工作，只要做完例行工作，業績就能自動達成，可是如果仍然達不成呢？

我自己找到的方法是「額外多做事」，要想出不同的工作、不同的方法，做各種特殊的專案，而這些事一定都要搭配不同的業績目標。這樣一來，如果例行的工作做完，只能達成業績目標的七〇％，那就要讓額外多做的事，設法完成所缺的三〇％業績，以確保整體業績的達成。

通常這些額外多做的事，極可能都是以特殊的專案形式進行，因此在推行每一個專案時，都要精算其成本費用，以及會額外產生多少業績，確保所投入的成本，能回收更大的效益，這樣的專案才值得做。

新增專案時，還要考慮成功執行的機率有多高，必須要有成功的把握才能推動，因為這類專案的本質是為了搶錢、為了增加業績，往往不容許失敗。

學會這幾項達成業績的方法，才是稱職的主管。

對的做法

當業績目標無法達成時，主管必須想出不同的做法，多做不同的事，去嘗試新的方法，以尋求突破。

工作目標不能完成，一定是原有的工作方法失效，或遭遇不可測的困難，因此解決之道，一定不是持續用同樣的方法去做。

解決的方法：一是要多做事，原來一天拜訪三家客戶，要增加拜訪數量，也要花更長的時間工作。二是要想出不同的工作方法，要嘗試新的工作方法，看看能否改變，這都是可能會出現改變的方法。

41 有點難又不會太難

錯的做法

主管迷信高的工作目標，訂定了團隊無法完成的高目標，最後只會給團隊帶來挫折。

許多主管喜歡訂定高的業績目標，逼迫團隊努力挑戰高目標，這並非不對的事。可是如果訂了過高的目標，讓團隊覺得不論如何努力，都不可能達成，那團隊就會徹底失望，放棄追逐，坐視目標落空。

七月做半年檢討時，有一個單位主管業績已落後目標五〇%，我與他仔細溝通後，發覺是市場結構性的變動，導致他巨幅偏離預算，我問他：「追回預算的對策是什麼？」他也說不出個所以然來，只有一句話——全力以赴努力去做。

我經過仔細盤算之後，下修了他的年度目標二〇%，只要完成原目標的八成就算達成，要他全力去做。

經過半年的追趕之後，他真的完成了八〇%的目標。他告訴我，當我下修目標之後，他看到了希望，覺得有機會完成，因此動員所有的力量，終於完成此一看似不可能的任務。

幾年前，年底做預算時，另一個單位勉強提出一個相當高的預算目標，我看了之後，決定主動調降他的目標，以免他全年被此一高目標困擾。過了一年，他也如預期完成預算。

設立工作目標，是每一位領導者每天都在做的事，大到年度計畫、小到日常工作項目的設定，都要訂定目標。而訂一個高目標，又是每一個領導者的主觀願望，務必把團隊的能力壓迫到極致，才顯出領導者的能耐。

問題是目標要能達成才算數，否則只是空想。因此在推高目標的同時，又要確保能完成，這就是訂目標的學問所在。

「有點難又不會太難」就是議定目標的最高原則。訂了太高的目標，超過團隊能力所及，他們雖口頭勉強答應，但心裡卻已經徹底放棄。所以一定要訂一個對他們來說有挑戰、不易完成，但只要努力便可能完成的目標，這才是訂目標的最高境界。

要達到此一境界，領導者對整個團隊能力的底線，要有極精準的估測，也要了解其潛在的可能。因此在訂目標之前要先做實際估測，計算出這個團隊可能完成的目標區間，然後將此目標區間，向上提高一〇%到三〇%，作為與團隊議定目標的基礎，這一〇%到三〇%的空間，就是「有點難又不太難」的關鍵。

而訂定目標的過程最忌諱領導者直接下達目標，最好讓團隊參與討論，經過反覆辯證的過程，讓整個團隊理解目標如何訂定，必要時也要經過討價還價的拉鋸過程，只不過這種討價還價不能是信口開河出價，就地還價，一定是要有分析、有解釋、合道理的討論，最終要完成對目標的共識，目標才有機會真正落實。

千萬別一相情願地逼部屬接受不可能的目標，也不要隨意接受部屬可輕鬆完成的目標，尋找「有點難又不會太難」的落點吧！

對的做法

訂定目標時，要充分了解團隊的戰力，要訂定一個有點難卻又不是完全不可及的目標，以迫使團隊全力以赴去完成。

一般而言，業績目標如果較團隊戰力加二〇%到三〇%，都是團隊可以挑戰的目標，團隊戰力如果是一百，把目標訂為一百二十，或是一百三十，都是可以考慮的。

可是如果要訂更高的目標，一定要有充分的理由，否則團隊就會出現「絕望式的放棄」。

主管要掌握有點難又不太難、只要全力以赴就可完成的目標。

42 我這一票占五一%權值

錯的決策

在關鍵時候，主管不敢堅持對的意見，讓決策隨波逐流，順應大家保守而穩健的意見，錯失改變的機會。

遇到重大事件的關鍵時刻，主管雖然有想法，但卻因團隊成員多數反對，主管不敢違背民意，而放棄自己的想法，隨波逐流，事後徒留遺憾。

有一次在台中演講，遇到金可國際集團*的董事長蔡國洲，聽他說起投資寶島眼鏡及小林眼鏡的經過，故事充滿了人生的啟發，也是最好的經營教案。

蔡國洲回憶，二〇〇一年的中秋節前，寶島眼鏡的董事長及總經理約他見面，那是某個三天長假的前一天，地點在台中的長榮桂冠酒店。

寶島眼鏡的董事長一坐下來，就拿出兩張紙說：「這是寶島的財務資料，我們已經找過許多人投資，但是都不成，現在就只剩下你了，你一定要把寶島接下來。」

蔡國洲當時經營的是眼鏡製造工廠，也是寶島眼鏡最重要的材料供應商，因此，在寶島眼鏡他有巨額的應收帳款。忽然被告知這個訊息，蔡國洲當場陷入了進退兩難的困境。

於是，在接下來的三天連假裡，蔡國洲召集了五個弟弟開家庭決策會議，每一次會議後還進行了投票。而每一次投票，都是五票反對、一票贊成。唯一同意支持購併寶島的人，就是蔡國洲。

五個弟弟的反對理由其實非常充分：

其一：金可是眼鏡材料供應商，全省的眼鏡行都是客戶，如果購併了寶島，就喪失了中性供應商的角色。

其二：金可是製造業，完全沒有經營連鎖服務業的經驗，如果購併寶島，能派誰去經營呢？

其三：購併寶島，需要大量的現金，如何能取得足夠的現金呢？當時蔡國洲被要求，如果願意接手寶島，就要在中秋連假結束後的上班日，拿出五千萬的現金，以應付寶島的資金缺口。

可是對蔡國洲而言，寶島是他一手經營的客戶，一路走來，他對寶島已經有了深刻的感情，因而他才會執意對寶島伸出援手。

* 金可是台灣最大的連鎖眼鏡通路商，也是眼鏡製造商，在台灣的市占率極高，是舉足輕重的公司。

因此，最後一次的投票時，蔡國洲對所有的弟弟說：「這一次投票，我這一票占五一%的權值。」所有的弟弟知道他心意已決，只好同意購併寶島。

接下來，這六兄弟表現了最高的民主精神，過程中雖然反對，可是一旦做出決定，大家就同心協力，全力以赴。

討論的第一個問題就是，誰去經營？六兄弟中沒有人對服務業有經驗。經過討論後，老二雀屏中選，因為從蔡國洲創業開始，老二一向就是看家、負責公司內部經營的人，個性上最有耐性，最能注意所有細節。

果真這個選擇極為正確，新的總經理重新訂定了寶島所有的制度，也提出了「不裁員、不延薪」的宣告，終於穩定了寶島整個團隊的心情，讓寶島能夠重生。

在這個購併案例中，蔡國洲充分表現了經營者的決心和魄力，對於已經決定的事情，會不顧一切，排除萬難去完成，值得經營者深思。

對的決策

主管在關鍵時刻，面對重大抉擇時，一定要深思熟慮，做出最正確的決策，而一旦決策出爐，也要排除萬難，不能因團隊多數成員的反對而放棄。

一般的小事，日常的例行工作，可以以團隊的公決去做，可是一旦面對重大變局時，雖然仍應廣徵民意，徹底討論，但決策者仍然是主管，主管要為未來的成敗負全責，因此如果主管的想法與團隊意見不同時，主管仍應有「獨持偏見，一意孤行」的遠見與魄力，不可隨緣。

但是主管的堅持，自己一定要有充分的理由，也要有能力去執行。

43 災難懲罰與糾正錯誤

錯的做法

當組織有災難發生，只注意找出兇手，處罰犯錯的人，這是錯誤的做法。

當組織犯錯時，主管往往會很憤怒，為什麼會犯錯？是誰造成錯誤的發生？因此往往會把重點放在找出兇手，給予懲罰，可是這樣只會打擊士氣，對組織的發展並無實質幫助。

一個作者來信，說我們公司在出了他的書之後，已經連續兩年沒有付版稅給他，揚言要對公司採取法律行動。

這是件不可思議的事，「作者」是出版社最重要的資產，付作者版稅也是天經地義的事，怎麼可能拖欠呢？

實際負責此案的主管告訴我，因為這位作者的書銷售不佳，我們初版的預結版稅已經「超付」，也曾在第一年結算版稅時告知作者，前期預付版稅尚未扣完，沒有版稅可付，但是作者對於書籍銷售不佳十分不能理解，認為我們未能努力行銷，多所抱怨。

等到第二年結算版稅時，由於銷量仍然不佳，還是沒有版稅可結，編輯雖曾嘗試打電話告知作者，卻未聯繫上，之後因為疏忽，忘了再聯繫，與作者失聯，才導致作者以為我們拖欠版稅。

這是一個十分明顯的錯誤，因為一個工作者的疏忽，導致公司陷入涉訟的風險。我一方面要求團隊誠懇地與作者溝通，妥善處理，以化解糾紛；一方面我需要忍住自己的憤怒，以免對團隊做出過於激烈的反應，而使問題節外生枝。

每當團隊犯錯，導致公司受到損失，我都覺得難以忍受，甚至會有股衝動想嚴懲造成錯誤的工作者，對他進行求償，以減少公司的損失。所幸每一次我都能忍住憤怒，隱忍不發，沒有造成更大的災難。

面對團隊的錯誤與災難，領導者難免會抓狂、想罵人、想處罰工作者，但這些都不是正確的作為。懲罰災難的始作俑者，有時候雖屬必要之務，卻不是最重要的處理手段。領導者最應思考的是：如何避免錯誤再度發生？換言之，「糾正錯誤、檢討工作方法」才是最急切的事。

為了讓組織與個人不二過，我會找來犯錯者，和他一起檢視事件的始末，找出為何會犯錯，也一起檢討避免犯錯的方法，包括重新訂定做事的原則，更改必要的工作流程，確保日後不會再發生類似的錯誤。

領導者可以為部屬的能力不足而生氣，可是生氣之後，就要著手糾正部屬的錯誤，教育他學會正確的工作方法，這樣部屬每歷經一次錯誤，就會成為更有能力的人，犯的錯才會有意義。領導者的生氣和憤怒，也才能產生正確且健康的效果。

倘若領導者在處理部屬犯錯所導致的災難時，停留在生氣、懲罰的層面，只會說明領導者是一個氣量狹小、不能容錯的人。

總而言之，為部屬的能力不足而生氣，進而補強其不足，是為部屬好；為災難與損失生氣，是為自己的績效。動機不同，領導者的格局也相距甚遠。

對的做法

當組織發生災難時，首要之務，是找出犯錯的原因，立即設法補救，避免再次犯錯。

成熟的主管，在組織犯錯時，第一個反應是先救火，採取必要措施，讓災難變小，減少損失。

第二步，則是追究災難發生的原因，是個人疏忽，還是組織、制度、流程有問題？個人的疏忽，就要告誡懲罰；組織的問題，則要立即修正制度與流程，以防止再次犯錯。

只追究犯錯者，顯示主管缺乏容錯的雅量。要把犯錯視為常態，視為組織發現問題及改進的機會，不斷地糾錯，並予以改善。

國家圖書館出版品預行編目（CIP）資料

管理者的對與錯：43則管理課題解答／何飛鵬著. -- 初版. -- 臺北市：商周出版：家庭傳媒城邦分公司發行，2016.03
面；公分
ISBN 978-986-272-991-5（平裝）
1. 管理者 2. 職場成功法
494.23 105002433

新商業周刊叢書 BW0600

管理者的對與錯
43則管理課題解答

作　　者／何飛鵬
文字整理／黃淑貞、李惠美
校　　對／呂佳真
責任編輯／鄭凱達
版　　權／黃淑敏、翁靜如
行銷業務／莊英傑、張倚禎、石一志

總　編　輯／陳美靜
總　經　理／彭之琬
事業群總經理／黃淑貞
發　行　人／何飛鵬
法律顧問／台英國際商務法律事務所　羅明通律師
出　　版／商周出版
臺北市104民生東路二段141號9樓
電話：(02) 2500-7008　傳真：(02) 2500-7759
E-mail: bwp.service @ cite.com.tw
發　　行／英屬蓋曼群島商家庭傳媒股份有限公司　城邦分公司
臺北市104民生東路二段141號2樓
讀者服務專線：0800-020-299　24小時傳真服務：(02) 2517-0999
讀者服務信箱E-mail: cs@cite.com.tw
劃撥帳號：19833503　戶名：英屬蓋曼群島商家庭傳媒股份有限公司城邦分公司
訂購服務／書虫股份有限公司客服專線：(02) 2500-7718；2500-7719
服務時間：週一至週五上午09:30-12:00；下午13:30-17:00
24小時傳真專線：(02) 2500-1990；2500-1991
劃撥帳號：19863813　戶名：書虫股份有限公司
E-mail: service@readingclub.com.tw
香港發行所／城邦（香港）出版集團有限公司
香港灣仔駱克道193號東超商業中心1樓
E-mail: hkcite@biznetvigator.com
電話：(852) 25086231　傳真：(852) 25789337
馬新發行所／城邦（馬新）出版集團
Cite (M) Sdn. Bhd.
41, Jalan Radin Anum, Bandar Baru Sri Petaling, 57000 Kuala Lumpur, Malaysia.
電話：(603) 9056-3833　傳真：(603) 9057-6622　E-mail: services@cite.my

封面設計／黃聖文
印　　刷／鴻霖印刷傳媒股份有限公司
經　銷　商／聯合發行股份有限公司　電話：(02) 2917-8022　傳真：(02) 2911-0053
地址：新北市新店區寶橋路235巷6弄6號2樓

■2016年3月29日初版1刷
■2024年1月12日初版15.2刷

Printed in Taiwan

定價290元
ISBN 978-986-272-991-5

城邦讀書花園
www.cite.com.tw